U0266089

景观作物的品种和配套栽培技术

北京市农业技术推广站　组织编写
王忠义　聂紫瑾　齐长红　刘亚平　主编

中国农业出版社

内容简介

本书全面征集了目前北京地区推广应用的景观作物品种，涵盖了油料、粮食、药用、花卉、蔬菜、食用菌以及其他景观作物共七大类。本书以图片展示和文字介绍相结合的方式，对每个品种的名称、生物学特性、观赏特征、适用范围、应用类型、搭配作物和配套栽培技术进行了描述。文字简洁、图片清晰、实用性强，可供广大从事景观农业以及相关实践工作的技术人员和大专院校学生参考。

编　委　会

主　编： 王忠义（北京市农业技术推广站）
聂紫瑾（北京市农业技术推广站）
齐长红（昌平区农业技术推广站）
刘亚平（密云区农业服务中心）

副主编： 李　勋（北京市农业技术推广站）
陈加和（昌平区农业技术推广站）
吴尚军（北京市农业技术推广站）
贺国强（北京市农业技术推广站）

编　委（按姓名音序排列）：
陈加和（昌平区农业技术推广站）
董　静（怀柔区农业技术推广站）
贺国强（北京市农业技术推广站）
解春源（房山区种植业技术推广站）
李　勋（北京市农业技术推广站）
刘志群（怀柔区农业技术推广站）
刘亚平（密云区农业服务中心）
聂紫瑾（北京市农业技术推广站）
齐长红（昌平区农业技术推广站）
佘小玲（延庆区农业技术推广站）
石文学（密云区农业技术推广站）
时祥云（延庆区农业技术推广站）
田　满（北京市农业技术推广站）
王　鹏（通州区农业技术推广站）
王　旭（密云区农业环境保护站）
王忠义（北京市农业技术推广站）
吴尚军（北京市农业技术推广站）
杨莉莉（通州区农业技术推广站）
杨　林（北京市农业技术推广站）
张林武（密云区农业服务中心）

前　言

近年来，北京市的农业技术推广部门根据建设首都生态文明、打造优美农田景观、促进乡村休闲旅游的需要，率先开展了景观农业的建设实践，提出了北京景观农业建设的框架思路，并初步建立起包括品种、栽培和设计等3个方面在内的农田景观构建技术体系，同时，在推广农田景观构建技术和景观农田的过程中，还摸索出面向农民推广农田景观构建技术与面向市民推广优美农田景观的推广方法，有效促进了农田景观构建技术在京郊的普及，带动了京郊农田景观的建设，对北京都市型现代农业的转型升级融合发展起到了显著的推动作用。

2014年由中国科学技术出版社出版了《农田景观构建指南》一书，以北京农田景观构建的实践为基础，对农田景观的概念，开展农田景观建设的意义和必要性，北京农田景观建设实践中开展的调研、技术研究和示范建设情况，北京推广农田景观构建技术的方法，以及推广效果等方面进行了阐述。

本书的出版主要为了配合《农田景观构建指南》的使用，为景观建设的实际工作提供了较为详细的作物品种与栽培技术参考。本书征集了北京地区目前推广应用的部分景观作物品种，配合图片和文字介绍了各品种的观赏特征，提供了各品种适用的范围和在景观构建中的作用，推荐了部分适于搭配的品种以供参考，并简要地介绍了各品种的栽培技术等。

本书的作者来自北京市农业技术推广站以及北京市各区、县的农业技术推广部门，他们具有较深厚的理论基础和较丰富的实践经验。希望本书的出版能为同行业者提供景观建设中品种选择与栽培技术的参考，为市民提供一些景观作物的科普知识。

本书除前言外，共分七章。第一章为景观油料作物，第二章为景观粮食作物，第三章为景观药材作物，第四章为景观花卉作物，第五章为景观蔬菜作物，第六章为景观食用菌，第七章为其他景观作物。

本书的出版得到了中国农业出版社的大力配合和支持，在此表示衷心的感谢！

由于作者水平所限，不当或错误之处难免，敬请同行专家和读者批评指正。

编　者

2018 年 4 月

目　录

第一章 景观油料作物

一、油菜 *Brassica campestris*

（李绍臣　摄）

（张保旗　摄）

（一）品种特征

【生物学特性】油菜为十字花科芸薹属，别名油白菜，又名芸薹、寒菜、胡菜、苦菜、小青菜。一年生或二年生草本，直根系，茎直立，分枝较少，株高30～160cm。叶互生，分基生叶和茎生叶两种。基生叶旋叠状，不发达，匍匐生长，椭圆形，长10～20cm，有叶柄，大头羽状分裂；顶生裂片圆形或卵形，侧生琴状裂片5对，密被刺毛，有蜡粉。总状花序，花萼片4片，黄绿色，花冠4瓣，黄色，呈十字形。结长角果，成熟时开裂散出种子，种子球形，主要有红、黄、黑等颜色，含油率35%～50%。

【观赏特征】一般油菜花期为20d左右，通过冬春茬搭配，可将观赏期延长到50余d。从南到北，油菜花的花期从1～8月次第展开。在北京，油菜花的最佳观赏期为4月下旬至5月上中旬，山区冷凉环境下通常晚播花期可至6月。另外，8月中上旬播种小油菜，可实现十一开花。

（二）景观应用

【适用范围】油菜景观的模式主要有5种，分别为山区梯田式种植、林下景观种植、园区高坡地种植、稻田抢茬种植和沟路林渠边种植。

【应用类型】可用于道路两旁绿化观赏，也可进行规模种植，营造大面积的金黄色彩，具有一定的视觉冲击力。

【搭配】一般以规模化种植、独立造景为主。

（三）栽培技术

1. 冬油菜景观栽培技术

【播种与定植】冬油菜以 9 月上中旬播种为宜，每亩①播种量约为 0.5kg。4 月下旬定苗，保苗一般以每亩 40 000～50 000 株，播前精细整地，施底肥亩施磷（P_2O_5）6kg、纯氮（N）14kg。出苗后 2～3 片叶时间苗，4～5 片叶时定苗。

【田间管理】11 月底灌越冬水，次年 4 月上旬浇返青水并亩追施尿素 15kg。

【病虫害防治】播前可结合整地喷施甲基异柳磷农药。苗期喷杀虫药防治白菜蝇等害虫，返青后及时防治菜青虫、茎象甲等害虫。角果期防治蚜虫。

2. 春油菜景观栽培技术

【播种与定植】日平均气温稳定在 2～3℃、土壤解冻 5～6cm 即可播种。播种深度2～3cm，行距 15cm 或 30cm，亩播种量为 0.4～0.5kg。播前将有机肥每亩 2 000～3 000kg 耕翻入地，同时播种机深施化肥做底肥，一般亩施磷酸二铵 4～5kg、尿素 1～2kg。4～5 叶期时及时中耕除草、定苗，株距 3cm，亩保苗密度 6 万～7 万株。

【田间管理】视长势和墒情，一般灌水 2 次，分别为抽薹后开花前和开花后期。抽薹后开花前结合灌溉或下雨前亩追施尿素 6～8kg。开花初期，每亩叶面追施磷酸二氢钾 200g、尿素 200g、硼肥 100g，防止“花而不实”。

【病虫害防治】苗期根腐病和立枯病采用种子包衣或拌杀菌剂防治。菌核病采用初花期每亩喷施 40%菌核净 100g。小菜蛾防治每亩采用 4.5%高效氯氰菊酯 1 500 倍液喷雾。草地螟防治每亩采用 4.5%高效氯氰菊酯乳油 20～30ml 按比例对水喷雾。

（四）推荐品种

1. 冬油菜品种

（1）陇油 6 号　白菜型冬油菜，全生育期 288～295d，属晚熟品种。苗期匍匐生长，叶片较小，叶色深绿，内茎端生长部位低，花芽分化迟，冬前不现蕾，组织紧密，薹茎叶全抱茎，生长发育缓慢，枯叶期早，抗寒性强。株高 105～110cm，分枝部位 14～17cm，有效分枝数为 10.0 个左右，主花序有效长度 38～43cm，主花序有效结角数 55 个左右，全株有效结角数 235～245 个，角粒数 21 粒左右，种子黑色，千粒重 2.9～3.2g，单株生产力 14g 左右。

（2）陇油 7 号　白菜型冬油菜，生育期 288～295d，苗期匍匐生长，叶片较小，叶色深绿，花芽分化迟，冬前不现蕾，组织紧密，薹茎叶全抱茎。生长发育缓慢，枯叶期早，抗寒性强，越冬率 80.0%以上。株高 110～115cm，分枝部位 14～16cm，有效分枝数为 13～15 个，主花序有效长度 41cm 左右，主花序有效结角数 49～53 个，全株有效结角数 295 个左右，角粒数 18～25 粒，角果长度 5cm 左右，千粒重 3.0～3.1g。种子黑色，单

① 亩为非法定计量单位，1 亩＝1/15hm^2≈667m^2。——编者注

株生产力 13～14g，为晚熟品种。

2. 春油菜品种

（1）天祝小油菜　白菜型北方小油菜的早熟品种，春性强，幼苗生长快，抗寒、抗旱性强。株高 63～70cm，为均生分枝型，分枝部位在 17cm 左右，一次有效分枝 2～5 个，角果长 4.3～4.5cm，籽节较明显，角粒数 15～17，种子黑色，千粒重 2.4g。亩产 100kg 左右，含油率 40.51%。

（2）秦杂油 19　该品种由陕西省杂交油菜研究中心选育。该品种株高 144cm，分枝部位 49cm，有效分枝 5 个，主花序长 55cm，结角密度 0.73 个/cm，角果数 128，角粒数 23，千粒重 4.0g。

（3）陇油 2 号　春性中晚熟甘蓝型春油菜品种，春播条件下生育期 125d 左右，较耐低温，株高 142cm 左右，分枝部 52cm 左右。角果数 184.7，角粒数 20.59，千粒重 3.6g，单株生产力 9.30g。

二、向日葵 *Helianthus annuus*

（郝洪才　摄）

（李治国　摄）

（一）品种特征

【生物学特性】别名太阳花，是菊科向日葵属的植物。一年生植物，高 1～3m，茎直立，粗壮，圆形多菱角，披白色粗硬毛。子叶 1 对，茎下部 1～3 节常为对生，以上则为互生。真叶比较大，叶面和叶柄上着生短而硬的刚毛，并覆有一层蜡质层。早熟种叶片一般为 25～32 片，晚熟种叶片一般为 33～40 片。向日葵为头状花序，生长在茎的顶端，俗称花盘，直径可达到 30cm。其形状有凸起、平展和凹下 3 种类型。花盘上有两种花，即舌状花和管状花。舌状花 1～3 层，着生在花盘的四周边缘，为无性花。它的颜色和大小因品种而异，有橙黄、淡黄和紫红色。管状花，位于舌状花内侧，为两性花。花冠的颜色有黄、褐、暗紫色等。

向日葵按用途可分为食葵、油葵和观赏葵；按生育活动所需积温可分为早熟种（所需积温 2 000～2 200℃）、中熟种（所需积温 2 200～2 400℃）、中晚熟种（所需积温 2 400～

2 600℃）和晚熟种（所需积温 2 600℃以上）。

【观赏特征】最佳观赏期为 6 月下旬至 7 月中下旬，花期可达两周以上。其中，油葵和食葵的观赏特征为普通常见向日葵，即舌状花黄色、管状花褐色；观赏葵的种类和颜色较丰富，适宜搭配种植，营造纷呈的效果。

（二）景观应用

【适用范围】可用于大田景观、沟域景观、园区景观、林果景观、设施景观周边。

【应用类型】可用于道路两旁绿化观赏，也是常见的规模化种植的景观作物。

【搭配】一般规模化种植造景，也可孤植或丛植，与其他颜色花卉搭配。

（三）栽培技术

【播种与定植】播种前施足底肥，每亩施入腐熟、发酵的有机肥 2～3m^3，施磷酸二铵 150～200kg 和尿素 100～150kg。北京地区的食葵播种时间在 6 月中旬左右，定植密度以每亩 1 800～2 000 株为宜；油葵在 6 月 25 日至 7 月 15 日之间播种，以每亩 3 500～4 000 株为宜；彩葵一般 4 月中旬到 8 月上旬均可以播种，亩种植密度在 2 000～4 000 株之间。

【中期管理】出苗后及时查苗，作好定苗和补苗，每穴确保只留 1 苗。向日葵苗期生长缓慢，应作好中耕除草工作。现蕾期结合除草，沟施或穴施氯化钾；盛花期喷施 0.2%～0.4%的磷酸二氢钾。向日葵在北京地区以旱作为主，在雨季播种，生育期内基本不用灌溉，依靠天上水即可满足生长发育所需水分。

【病虫害防治】向日葵病虫害发生率较低，主要病害为白粉病、黑斑病、细菌性叶斑病、锈病（盛行于高湿期）和茎腐病。为害向日葵的害虫有蚜虫、盲蝽、红蜘蛛和金龟子等。注意针对出现的病虫害，综合防控。

（四）推荐品种

1. 食葵品种

（1）LD5009　由美国福莱利公司育成。该品种为食用向日葵杂交品种，夏播生育期 95d 左右，株高 190cm 左右，花盘直径 19cm 左右，结实性好，种皮黑色带白边间有白条纹，籽粒较饱满，百粒重 18g 左右，籽粒长 2.0cm 左右，宽 0.9cm 左右。植株健壮，抗倒伏能力强，抗旱、耐瘠薄，株高和花期整齐一致，观赏性好，一般亩产 180kg 左右，商品性好。适宜在北京地区夏播种植，栽培上避免连作，注意预防菌核病。

（2）LD9091　由美国福莱利公司育成。该品种为食用向日葵杂交品种，夏播生育期 95d 左右，株高 195cm 左右，花盘直径在 20cm 左右，结实性好，种皮黑色带白色条纹，籽粒饱满，百粒重 18g 左右，籽粒长 2.0cm 左右，宽 0.9cm 左右。植株健壮，抗倒伏能力强，抗旱、耐瘠薄，株高和花期整齐一致，观赏性好，一般亩产 200kg 左右。适宜在北京地区夏播种植，栽培上避免连作，注意预防菌核病。

2. 油葵品种

（1）KF366　该品种春播生育期 115d，夏播生育期 98～100d。株高 100～120cm，群

体整齐，株高和花期整齐一致，观赏性好。花盘直径17～22cm，植株矮，叶肥大，叶柄短，茎秆粗壮，节间短，抗强风、抗冰雹、抗倒伏能力强，耐菌核病，高抗锈病。可以在干旱、瘠薄、盐碱地区广泛种植。边行优势显著，非常适宜与西瓜、甜瓜、棉花、冬瓜等作物套种。花粉量大，自交结食率高，一般亩产230～330kg。籽粒辐射状紧密排列，后期多下垂，鸟害也少。千粒重70g，籽实含油率45%～50%，出仁率76%。

（2）S606　该品种系中熟油用向日葵杂交种，春播生育期108d左右，夏播生育期93d左右，较G101晚熟3d左右。株高175cm左右，群体整齐，株高和花期整齐一致，观赏性好。叶片倾斜度3级，叶片上冲，呈塔形分布。盘径22cm左右，结实率高，无空心，适合密植。千粒重62g左右，皮壳率18%，籽实含油率49%。耐水肥，耐盐碱，抗倒伏，整齐度好，抗病性强。栽培管理到位和气候条件适宜时，亩产可达250kg以上。

3. 彩葵品种

（1）墨池吐金　该品种为中熟品种，从播种到开花55d左右。舌状花颜色为黄色，花盘颜色为深色，无花粉。属单秆型品种，无分枝，株高为120～150cm。墨池吐金的花盘是深褐色的中心，黄色的花瓣，墨池吐金虽是传统的向日葵颜色，但它的花瓣就像一盏开着纹理花束的灯，与众不同。

（2）欢乐火炮竹　一种矮化早熟型的品种，生育期50d左右。株高在60cm左右，分枝性好，是最早在花园里种植黄、红双色的品种之一，舌状花颜色为红橙色，因其热烈的颜色被贴切地命名为欢乐火炮竹，花盘颜色为深色，无花粉。开满花的时候，特别像烟花表演。可用作花束、盆花、圃地种植。

墨池吐金　（李勋　摄）

欢乐火炮竹　（郝洪才　摄）

（3）出水芙蓉　一种早熟型品种。株高在90～120cm间，生育期50d左右。舌状花颜色为浅白色，花盘颜色为浅色，无花粉，首次开花时可看到玉色的花瓣，花朵中心呈灰绿色，因此，取名为出水芙蓉。分枝性较好，播种越早，分枝越多，适宜做小花束。花瓣颜色较浅，还可用于制作染色花卉，也可用于庭院美化种植。

（4）醉云长　一种中熟型的品种，生育期在60d左右。株高较高，在180cm左右。舌状花颜色为红色，花盘为深色，无花粉。分枝较多，作为切花使用时，应及时打除分杈。

（5）金色08　株高150cm，单秆，花盘9～12cm，橙黄深盘。花型紧凑，重瓣性好，花瓣长短适中，金黄色，观赏价值高。采后耐储运，瓶插时间长，商品性好。耐高温、耐寒、抗病性好，实现周年种植（北方冬季需在设施内种植）。适宜作切花或庭院美化。

（6）三阳开泰　中熟，成熟期 50d。株高 180cm，单秆，褐红黄边深盘，花盘径 12cm，抗病性较好。用于切花或庭院美化。

（7）桃之春　成熟期 55d。株高 180cm，单秆，桃黄深盘，花盘径 12cm，抗病性好。用作切花或庭院美化。

出水芙蓉　（李勋　摄）

醉云长　（李勋　摄）

金色 08　（李勋　摄）

三阳开泰　（李勋　摄）

桃之春　　（李勋　摄）

（8）绿波仙子　该品种花型紧凑，重瓣性好，花瓣长短适中，浅黄色花瓣绿色花盘，观赏价值高。成熟期55d。株高在150～180cm，高矮适中，单秆，花盘径12cm，茎较粗壮，抗倒性好。耐高温、耐寒、耐粗放管理，可以实现周年种植（北方冬季需在设施内种植）。采后耐储运，瓶插时间长，商品性好。

（9）好运多　该品种株高150cm，花黄色，花盘径12～15cm。成熟期65d，较同类复合花早熟。抗病性好。用于切花或庭院美化。

（10）穆天子　该品种株高150cm，单秆。米黄深盘，花盘径12cm。成熟期55d，中熟。抗病性好。用于切花或庭院美化。

（11）烈焰　该品种成熟期45d，抗病性好。株高150cm左右，有分枝。花色为鸡冠形红点复色，花盘径12～15cm。常作为切花或庭院美化。

绿波仙子　　（李勋　摄）

好运多　　（李勋　摄）

穆天子　　　（李勋　摄）

烈焰　　　（李勋　摄）

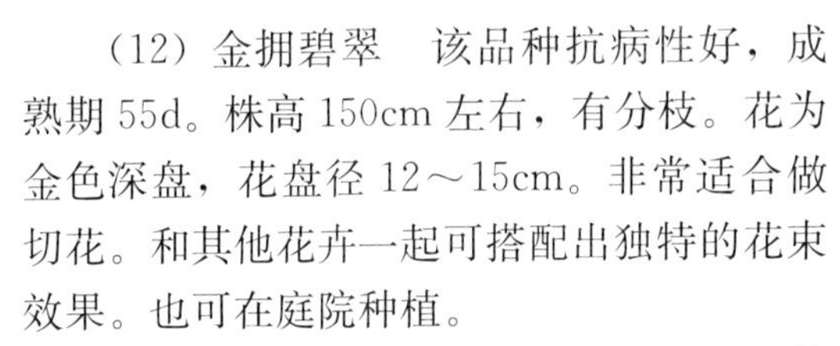

（12）金拥碧翠　该品种抗病性好，成熟期55d。株高150cm左右，有分枝。花为金色深盘，花盘径12～15cm。非常适合做切花。和其他花卉一起可搭配出独特的花束效果。也可在庭院种植。

（13）柠檬碧翠　该品种成熟期60d，抗病性较好。株高120cm左右，有分枝。花盘径为9～12cm，黄色，是唯一一个纯柠檬色配绿色盘心的复合花类型。用作切花或庭院种植。

（14）乐翻天　该品种成熟期50d，抗病性较好。株高180cm左右，有分枝。花盘径为12～15cm，颜色为赤金复色。用作切花和庭院美化。

（15）赤日红焰　该品种成熟期70d，抗病性较好。株高180cm左右，有分枝。花盘径为12～15cm，土红深盘。用作切花或庭院美化。

金拥碧翠　　　（李勋　摄）

柠檬碧翠 （李勋 摄）

乐翻天 （李勋 摄）

赤日红焰 （郝洪才 摄）

三、花生 *Arachis hypogaea*

（田满 摄）

（田满 摄）

（一）品种特征

【生物学特性】 原名落花生，也叫花生米，美名长生果，属蔷薇目豆科的一年生草本植物。茎直立或匍匐，长30～80cm。叶通常具小叶2对，托叶长2～4cm，叶柄基部抱茎，长5～10cm，被毛。小叶纸质，卵状长圆形至倒卵形，长2～4cm，宽0.5～2cm，先端钝圆形，有时微凹，具小刺尖头，基部近圆形，全缘，两面被毛，边缘具睫毛。花长约8mm，花冠黄色或金黄色。荚果长2～5cm，宽1～1.3cm，膨胀，荚厚，种子横径

0.5～1cm。

【观赏特征】花生主要观赏期为花期或开花期，郁郁葱葱给人以清爽的心情。花果期为6～8月。成熟期可作为市民收获体验的好材料。

（二）景观应用

【适用范围】主要适用于大田景观和林果景观，北京地区近几年主要为林下种植。

【应用类型】用作大田或林下的规模化种植，用于鲜食采摘和林下裸露地绿化。

（三）栽培技术

【播期与定植】北京地区适宜播期为4月下旬至5月下旬，起垄覆膜播种，留苗密度一般在每亩10 000左右。施足底肥。应用测土配方施肥技术，一次性每亩施腐熟农家肥1 500～2 000kg，并配合每亩施用花生专用复合肥50kg，确保足够的营养供作物生长所需。

【中期管理】及时查苗补种。当花生出苗后，田间基本齐苗，第一对侧枝长出时及时清棵，使子叶节露出地面，可增产10%以上。花生盛花期将花生叶面肥＋多菌灵或甲基硫菌灵或乐果乳剂等，每隔7d喷施1次，共喷施3次，不仅可防治病虫害的发生发展，还可延长叶片功能期，提高产量。后期易脱水、脱肥，可在结荚期和饱果期叶面喷施1.5%尿素溶液或0.2%磷酸二氢钾，可明显延长叶片功能期，缓解早衰症状。

【病虫害防治】花生根腐病、病毒病和地下害虫、蚜虫等是花生苗期的主要病虫害，应注意及时防治。花生播种盖土后，应及时在土面喷施乙草胺等除草剂控制杂草危害。没有喷施的可在花生幼苗期喷施茎叶处理型除草剂进行化学除草，也可进行人工锄草。确保下针或封行前控制住草害。后期注意叶斑病和锈病，可通过喷施药剂防治。

（四）推荐品种

1. 花育22　花育22号为早熟普通型大花生，株型直立，结果集中，生育期140d左右，抗病性及抗旱耐涝性中等。主茎高33～38cm，侧枝长40.0cm左右。百果重246g左右，百仁重100g左右，籽仁椭圆型，种皮粉红色，内种皮金黄色。

2. 花育25　花育25号属早熟直立大花生，生育期140d左右。主茎高45～50cm，株型直立，分枝数7～8条左右，叶色绿，结果集中。荚果网纹明显，近普通型，籽仁无裂纹，种皮粉红色，百果重240g左右，百仁重95～100g。抗旱性强，较抗多种叶部病害和条纹病毒病。后期绿叶保持时间长、不早衰。

3. 鲁花14　鲁花14号属早熟直立大花生，春播生育期145d左右，疏枝型，分枝8～9条，主茎高35cm左右，株丛矮且直立，紧凑，节间短，抗倒伏，叶色浓绿，连续开花，开花量大，结实率高，双仁果率一般占70%以上，果柄短，不易落果，荚果普通型，百果重216g左右，百仁重83～90g，种皮粉红色，抗旱性强，较抗多种叶部病害和条纹病毒病。生育后期绿叶保持时间长，不早衰。

鲁花 14　　　　（田满　摄）

4. 冀花 4　冀花 4 号属蝶形花科落花生属，疏枝普通型中小果花生品种，株型直立，连续开花。株高 35～45cm，总分枝 8～9 条。单株结果数 15 个以上，饱果率 72.3%，百果重 187g，单株产量可达 20g，种皮粉红色，出米率 75.6%，百仁重 80g 左右。最佳观赏期为 6 月下旬。

5. 黑花生　该品种属早熟，大粒花生，是彩色花生品种，又称富硒黑花生。北京地区春播全生长期 130d 左右。长势稳健，一般不会出现疯长，叶色深绿带黑，株高 45cm，高抗倒伏。连续开花数目多，结实率高，亩产 450kg 左右，如采用保护地覆膜栽培，亩产可达 500kg。

四、大豆 *Glycine max*

（田满　摄）

（田满　摄）

（一）品种特征

【生物学特性】豆科大豆属的一年生草本，高 30～80cm。茎粗壮，直立，或上部近缠绕状，上部多少具棱，密被褐色长硬毛。叶近圆形或椭圆状披针形。总状花序短的少花，长的多花；总花梗长12～35mm或更长，通常有5～8朵无柄、紧挤的花，植株下部的花有时单生或成对生于叶腋间；花紫色、淡紫色或白色，长4.5～8（～10）mm。荚果肥大，长圆形，稍弯，下垂，黄绿色，长4～7.5cm，宽8～15mm，密被褐黄色长毛。种子2～5颗，椭圆形、近球形，卵圆形至长圆形，长约1cm，宽约5～8mm；种皮光滑，淡绿、黄、褐和黑色等多样，因品种而异；种脐明显，椭圆形。花期6～7月，果期7～9月。

【观赏特征】大豆观赏期可从封行一直到成熟期，呈现出一片郁郁葱葱的田园景象。6月下旬进入盛花期，紫色花朵在花序上簇生，也可形成一定的观赏效果。成熟后，金黄色的豆粒非常美观和亮眼。

（二）景观应用

【适用范围】主要适用于大田景观和林果景观，北京地区近几年主要为林下种植。

【应用类型】用作大田或林下的规模化种植，主要用于鲜食采摘和林下裸露地绿化。

（三）栽培技术

【播期与定植】大豆忌连作，最好与玉米、高粱、谷子等禾本科作物实行三年轮作制，选择两年未种过大豆的生茬地最适宜。播前施足底肥、整地。选用国家或北京市审定通过的大豆品种。种子纯度98%以上，发芽率85%以上，含水量12%以下，并清除杂粒、病粒、残粒。北京地区的大豆播期一般在5月上旬到6月下旬，播前晒种。播种时要求土壤含水量为田间持水量的70%～80%，以确保一播全苗，苗齐苗壮。一般采用人工或机械播种，一般每亩4～6kg，等行距种植，行距40cm；或宽窄行种植，宽行40cm，窄行20cm。播种深度3～4cm，播种平整，覆土保墒。播后及时喷施除草剂，以防治苗期杂草。

【田间管理】苗期要及时浇水，结合定苗中耕除草或串沟培土。花荚期为大豆生长最旺盛时期，应适时浇水防旱增花保荚。同时叶面喷施磷、钾、钼、硼、锌等肥料。鼓粒期以水调肥，合理灌排，土壤含水量保持在田间最大持水量的70%～80%；叶面喷肥以延长叶片的功能期；有早衰现象的豆田每亩追施尿素0.5～1kg和磷酸二氢钾100～150g，同时补充叶面肥。大豆茎、荚全部变黄，籽粒变硬，荚中籽粒与荚皮脱离，摇动豆株有响铃声时收获。

【病虫害防治】花荚期主要防治豆天蛾、造桥虫、甜菜夜蛾、豆荚螟和食心虫。鼓粒期继续防治豆天蛾、造桥虫、斜纹夜蛾等，保护叶面少受损害。

（四）推荐品种

1. 中黄13 该品种平均生育期120～130d，株高60～65cm，主茎节数14～16个，有效分枝1～2个，结荚均匀，结荚高度13cm左右。单株有效荚数45～50个，百粒重18g左右。圆叶，紫花，有限结荚习性。种皮黄色，褐脐，籽粒圆形。抗花叶病毒病、灰斑病。

2. 中黄30 春播大豆品种，全生育期为130～135d，幼茎色为紫色，株高70cm左右，是半矮秆品种，主茎节数17～19节，结荚高度在20cm左右，有效分枝2～3个，椭圆形叶，灰色茸毛，紫花，有限结荚习性，落叶性较好，抗倒伏。籽粒为椭圆形，成熟时种皮色为黄色，百粒重为25g左右，褐脐，紫斑粒率和虫食率低。病虫害较轻，中抗大豆孢囊线虫病。

中黄30 （田满 摄）

中黄30 （田满 摄）

3. 中黄35 该品种平均生育期120～125d，株高65～70cm，单株有效荚数50个左右，百粒重18.0～19.0g。圆叶，白花，有限结荚习性。籽粒圆形，种皮黄色，黄脐。接种鉴定，中感大豆灰斑病，中抗SMVⅠ和SMVⅢ株系，中感大豆孢囊线虫病3号生理小种。平均粗蛋白质含量39.75%，粗脂肪含量22.75%。

中黄35 （田满 摄）

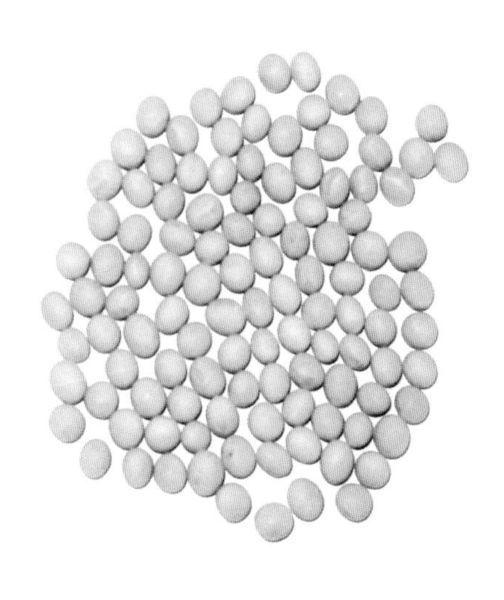

中黄35 （田满 摄）

4. 冀豆12 株型紧凑，呈塔形，株高75cm左右。叶片卵圆形，紫花，灰毛。荚果上下较均匀。子粒黄色，黄脐，百粒重23g左右。属亚有限结荚习性，中早熟品种，生育期95d左右。成熟不炸荚。抗病毒病，抗倒、抗旱，耐旱涝、耐瘠薄。籽粒粗蛋白质含量43.9%，脂肪19.3%。

冀豆 12 （田满 摄）

冀豆 12 （田满 摄）

5. 冀豆 17 该品种平均生育期 114d，株高 101.0cm，主茎 17.8 节，有效分枝 2.5 个，单株粒数 95.2 粒，百粒重 17.9g。椭圆叶，白花，棕毛，亚有限结荚习性，株型半开张。种皮黄色，圆粒，黑脐，有光泽。抗大豆花叶病毒病 SC3、SC11 和 SC13 株系，中感 SC8 株系，中感大豆孢囊线虫病 1 号生理小种，高感 4 号生理小种。平均粗蛋白质含量 38.0%，粗脂肪含量 22.98%。

五、芝麻 *Sesamum indicum*

（田满 摄）

（田满 摄）

（一）品种特征

【生物学特性】 胡麻科胡麻属的一年生直立草本。高 60～150cm，分枝或不分枝，中空或具有白色髓部，微有毛。叶矩圆形或卵形，长 3～10cm，宽 2.5～4cm，下部叶常掌状 3 裂，中部叶有齿缺，上部叶近全缘；叶柄长 1～5cm。花单生或 2～3 朵同生于叶腋内。花萼裂片披针形，长 5～8mm，宽 1.6～3.5mm，被柔毛。花冠长 2.5～3cm，筒状，直径约 1～1.5cm，长 2～3.5cm，白色而常有紫红色或黄色的彩晕。蒴果矩圆形，长 2～3cm，直径 6～12mm，有纵棱，直立，被毛，分裂至中部或至基部。种子有黑白之分。花期夏末秋初。

【观赏特征】芝麻在中国传统文化中具有特殊的象征意义。进入成熟期的芝麻，每开花一次，就拔高一节，接着再开花，再继续拔高，象征着越来越好、好上加好。

（二）景观应用

【适用范围】主要适用于大田景观和林下景观。

【应用类型】用作大田或林下的规模化种植。

（三）栽培技术

【播期与定植】芝麻茎秆直立，遮阴面积少，芝麻常用来与矮秆作物混作，如甘薯、花生、大豆等。播前整地、作畦。芝麻适宜的播期是 5 月下旬至 6 月上旬。每亩用种量：撒播为 400g，条播为 350g，点播为 250g。要在 3～4 片真叶以前定苗，间苗至合理的密度。单秆型品种的种植密度为每亩 8 000～10 000 株，分枝型品种为 6 000～8 000 株。

【田间管理】从出苗到始花要中耕 3～4 次，封行以后不可再中耕。结合早间苗、早定苗，早施一次以速效性肥料为主的苗肥。施好蕾肥，一般以氮肥为主，磷、钾肥为辅，每亩可分别施尿素 5～10kg，加施磷肥 10～15kg 和钾肥 5～10kg。进入开花期，喷施磷酸二氢钾 1～2 次。要重施一次花荚肥，分枝品种在分枝出现时施用，单秆品种在现蕾到始花期施用。根外施肥一般用 0.4%磷酸二氢钾，一般每亩用尿素 5～8kg 兑水 200kg 浇泼于芝麻蔸部，也可施用沤制的饼肥、人粪肥等。另外，在始花到盛花期，可进行根外追肥。芝麻对土壤水分反应最敏感，既怕渍涝，又不耐长期干旱，因此必须注意灌溉和排水。

【病虫害防治】芝麻常见的病害有立枯病、红色根腐病、花叶病、变叶病和细菌性角斑病。常见的害虫有小地老虎、刺蛾、斜纹夜蛾、金龟子、萤火虫等。

第二章 景观粮食作物

一、玉米 *Zea mays*

（田满　摄）

（田满　摄）

（一）品种特征

（吴立军　摄）

【生物学特性】禾本科玉蜀黍属的一年生草本植物。植株高大，茎壮叶茂，挺直，高3～5m，直径2～5cm。叶窄而长，边缘波状，于茎的两侧互生，叶片线形至线状披针形，长约40～60cm，宽4～8cm，先端渐尖，基部圆或微呈耳形，表面暗绿色，背面淡绿色，两面带纤毛，中脉较宽，白色。雌雄同株，雄花花序穗状顶生，雌花花穗腋生，成熟后成谷穗，具粗大中轴，小穗成对纵列后发育成两排籽粒。谷穗外被多层变态叶包裹，称作包皮。鲜嫩秸秆微甜如甘蔗可食用。籽粒可食。商业等级主要根据籽粒的质地划分，分为马齿种、硬质种、粉质种、爆裂种及糯玉米、甜玉米等。

【观赏特征】通过大面积有序的种植，体现旺盛的生命力，给人欣欣向荣的景象。最佳观赏期为拔节期到抽雄期之间，7～8 月。

（二）景观应用

【适用范围】适用于大田景观的营造。

【应用类型】可作为景观隔离带、行道两旁装饰，也可用于构建作物迷宫。

（三）栽培技术

【播种与定植】北京地区春播或夏播种植，4 月中旬到 6 月底均可播种。播种前根据土壤肥力、产量水平和品种需肥特点测土配方施肥。每亩施农家肥 1 000～2 000kg 或商品有机肥 400kg，于播种时撒施，氮、磷、钾复混肥一次性底施做种肥，每亩施肥量为 25～30kg。播种量应根据留苗密度、种子发芽率和田间出苗率计算，一般每亩播种 2.5～3kg。行距 65～70cm，深度 3～6cm。3 叶间苗，5 叶定苗，留苗密度要比计划密度增加 10%，及时拔出弱苗，留足株数。

【田间管理】小喇叭口期每亩追施尿素 15～20kg，施肥后无雨应及时浇水以提高肥效。若遭遇严重干旱，玉米叶片上午出现严重卷曲时须适度进行灌溉。适当延迟收获时期，玉米苞叶完全枯黄并松开，籽粒与穗轴连接处出现黑层时应适时进行收获。收获方法可采用人工去穗，实行整秆还田和机收粉碎秸秆还田。

【病虫害防治】播后注意防治杂草，及时封闭处理。注意防治玉米螟、黏虫、地老虎和金针虫等地下害虫。

二、小麦 *Triticum aestivum*

（李琳　摄）

（李琳　摄）

（一）品种特征

【生物学特性】禾本科小麦属的一年生草本植物，株高 30～120cm。叶鞘无毛；叶舌膜质，短小；叶片平展，条状披针形，长 10～20cm，宽 5～10cm。穗状花序圆柱形，直立，长 5～10cm，宽约 1cm；穗轴每节着生 1 枚小穗，小穗长约 10cm。在北京地区，一般于10月播种，翌年6月收获，生育期长达260d左右。按播种季节不同分为春小麦和冬小麦；按麦粒粒质可分为硬小麦和软小麦；按颜色可为白小麦、红小麦和花小麦。

【观赏特征】苗期时田间一片绿油油，是踏青的好去处；开花期和成熟期，金黄的麦穗给人一片繁华的景象，令人体验到丰收的喜悦，渲染出人们欢乐的心情。

（二）景观应用

【适用范围】适于大田景观的营造。

【应用类型】成方连片种植，用于冬季裸露地覆盖和规模农田景观的营造，也可在成熟期营造丰收景象，吸引市民进行农事体验。

（三）栽培技术

【播种与定植】小麦适宜播种期在9月25日至10月8日。播前造好底墒、施足底肥，翻耕、耙地、平整地表。选择优质、高产的小麦品种，播前用50%辛硫磷乳油，或20%粉锈宁乳油按种子重量0.1%拌种，防治病虫害。通常采用机播，播深3～5cm。

【田间管理】正常年份高产小麦需灌4次水，分别为冻水、返青水、拔节水和开花灌浆水；如果降雨量少，后期还应增加一次灌浆水；如果降雨量较多，早春墒情好，返青水可不浇。重施拔节肥，提高分蘖成穗率和穗粒数。正常情况下应在5叶露尖时施肥，苗情较弱的可提前到4叶露尖时施用，苗情较旺时可推迟到6叶露尖。一般情况下要施入全生育期纯氮量的40%～50%，即每亩施6～9kg纯氮（合13～19.5kg尿素或35～53kg碳酸氢铵），施肥后每亩灌水30～50m^3。小麦最佳收获时期在蜡熟末期至完熟期。应密切注意天气变化抢时收获，防止降雨造成穗发芽，影响小麦商品价值。

【病虫害防治】4月下旬5月上中旬注意防草，每亩可选用72% 2，4-滴丁酯乳油50ml，兑水40kg进行防治。小麦蚜虫每亩用50%抗蚜威可湿性粉剂10g或10%吡虫啉可湿性粉剂防治。小麦白粉病每亩用25%三唑酮30g喷雾防治。

三、谷子 *Setaria italica*

（李邵臣　摄）

（田满　摄）

（一）品种特征

【生物学特性】禾本科狗尾草属的一年生草本植物，古称稷、粟，亦称粱。株高0.1～1m或更高，秆粗壮、分蘖少，狭长披针形叶片，有明显的中脉和小脉，具有细毛。穗状圆锥花序，穗长20～30cm。小穗成簇聚生在三级支梗上，小穗基本有刺毛。每穗结实数百至上千粒，子实极小，径约0.1cm，谷穗一般成熟后金黄色，卵圆形籽实，粒小多为黄色。去皮后俗称小米。粟的稃壳有白、红、黄、黑、橙、紫各种颜色，俗称"粟有五彩"。谷子按播种时间可分为夏谷和春谷；按用途可分为食用品种、特异加工品种和观赏品种。

【观赏特征】谷子的最佳观赏期很长，谷子成熟后，沉甸甸的谷穗，令人非常赏心悦目，给人以明亮欢快的感觉。

（二）景观应用

【适用范围】适于营造大田景观和沟域景观，也可在园区景观中用于装饰和点缀。

【应用类型】普通谷子用于平原或山区沟域成块种植。观赏谷子一般用于营造景观节点或行道两侧镶边种植。

（三）栽培技术

【播种与定植】谷子不宜重茬，适宜的前茬有豆茬、甘薯茬、玉米茬等。华北地区一般播期在4月中旬至5月上旬。播前精细整地，秋季深耕，春季耙耱、浅犁、镇压保墒。谷田基肥以秋施或早春施入较好，以农家肥为主，一般每亩施1 500～2 000kg，在播种前结合深耕整地一次施入。以尿素做种肥时，每亩以0.75～1kg为宜。播种时，耧播、犁播或机播均可，每亩用种0.5kg左右，播深以3～5cm为宜。在3～4叶期间苗、6～7叶期定苗或4～6叶期间定苗，一次完成留苗为3.5万～5.5万株。

【田间管理】谷子是耐旱节水作物，根据当年气候条件和土壤水分进行灌溉。在重施基肥的基础上可在拔节后到孕穗期结合培土和浇水，每亩追施硫酸铵30～40kg，促进幼穗发育，开花后、灌浆初期进行根外追肥，可用0.2%～0.3%的磷酸二氢钾溶液叶面喷施，或用0.3%～0.5%的过磷酸钙浸出液叶面喷施1～2次，促进灌浆成熟，防止后期脱肥。谷子适宜收获期一般在腊熟末期或完熟期最好。谷子脱粒后应及时晾晒，一般籽粒含水量在13%以下可入库贮存。

【病虫害防治】谷子的主要病害有谷瘟病、锈病、红叶病等；害虫包括地下害虫、蛀茎害虫、食叶害虫和吸汁害虫等；常见杂草有谷莠子、狗尾草、苋菜等。防治的主要方法是选用抗病品种。当这些病害发生严重时，也可用化学药剂防治。

（四）推荐品种

1. 张杂谷5号　绿苗绿鞘，生育期125d，单秆无蘖。成株茎高118.7cm，穗长32cm，穗粗2.0cm，棍棒穗型。单株粒重29.1g，千粒重3.1g，出谷率74.8%，谷草比为1.51，白谷黄米。表现抗逆性较强，高抗白发病、线虫病。抗旱、抗倒，适应性强，高产稳产，米质特优，适口性好。一般亩产400kg，最高亩产600kg。

2. 懒谷3号 幼苗绿色，在冀中南夏播生育期88d，株高120.1m。纺锤形穗，穗子偏紧，穗长20.0cm。单穗重13.22g，穗粒重10.40g，千粒重2.8g；出谷率79.7%，出米率73.10%；褐谷黄米。抗倒性、抗旱性、耐涝性均为1级，中抗谷瘟病，抗性为2级，中感谷锈病、纹枯病。较黄色籽粒品种鸟害轻。在品质方面的特点为小米鲜黄，煮粥黏香、省火。

张杂谷5号（田满 摄）

懒谷3号 （田满 摄）

3. 观赏谷子 一年生草本植物，株高可达3m。叶片宽条形，基部呈心形，叶暗绿色并带紫色。圆锥花序紧密呈柱状，主轴硬直，密被绒毛，小穗倒卵形，每小穗有2小花，第一花雄性，第二花两性。颖果倒卵形。观赏谷子叶色雅致，是近年来常见的观叶植物，适合公园、绿地的路边、水岸边、山石边或墙垣边片植观赏，也可作插花材料。

观赏谷子 （张保旗 摄）

观赏谷子 （李绍臣 摄）

四、绿豆 *Vigna radiata*

（田满　摄）

（田满　摄）

（一）品种特征

【生物学特性】豆科蝶形花亚科豇豆属植物，又名青小豆。一年生直立草本，高 20～60cm，茎被褐色长硬毛。羽状复叶具 3 小叶；托叶盾状着生，卵形，长 0.8～1.2cm，具缘毛；小托叶显著，披针形；小叶卵形，长 5～16cm，宽 3～12cm，侧生的多少偏斜，全缘，先端渐尖，基部阔楔形或浑圆，两面多少被疏长毛，基部三脉明显。总状花序腋生，有花 4 至数朵，最多可达 25 朵，黄色。荚果线状圆柱形，平展，长 4～9cm，宽 5～6mm，被淡褐色、散生的长硬毛。

【观赏特征】花期初夏，果期 6～8 月。起点缀作用，调和色彩，形成靓丽的景色，花期和果期均可观赏。

（二）景观应用

【适用范围】用于大田景观、果林景观的营造。

【应用类型】用于大田或林下成片种植。

（三）栽培技术

【播种与定植】绿豆对土壤要求不太严格，在各类土壤上都可以种植。在上年秋后或早春及时耕翻、耙地、起垄、平整地面。绿豆忌重茬和迎茬，不宜与其他豆科作物连作，要实行 3 年以上轮作制。种肥一般亩施磷酸二铵 10kg、硫酸钾 5kg。最适播种期为 6 月 20～25 日，播种量为每亩 1.5～2kg，覆土 3～4cm 厚。绿豆出苗后及时查苗，缺苗严重的地块，要及时浸种、坐水补种。两片单叶时应及时间苗、定苗。一般行距 50cm，株距 12～15cm，亩留苗 9 000～11 000 株。

【田间管理】五叶期前后进行追肥（每亩施复合肥 10kg），中耕培土，以控制杂草，并防止倒伏。花期干旱时，应进行灌溉。为保花增荚，花荚期可叶面喷肥 1～2 次，一般亩用 1%～2%过磷酸钙浸出液或 0.2%磷酸二氢钾溶液 40～50kg 均匀喷雾。宜在豆荚变黑、籽粒硬化时收获。

【病虫害防治】绿豆幼苗期易遭受地老虎、蟋蟀危害，生长中期有蚜虫、红蜘蛛危害，花荚期有豆荚螟、豌豆象等害虫危害，应注意选择高效、低毒、低残留农药及生物农药及时防治，确保绿豆品质。

五、红小豆 *Vigna umbellata*

（田满　摄）

（田满　摄）

（一）品种特征

【生物学特性】豆科豇豆属植物，又名红豆、小豆，是一年生直立或缠绕草本植物。茎长可达 1.8m，密被倒毛。托叶披针形或卵状披针形；小叶 3 枚，披针形、矩圆状披针形至卵状披针形，长 6～10cm，宽 2～6cm，全缘或具 3 浅裂，两面均无毛，仅叶脉上有疏毛，纸质，脉 3 出。总状花序腋生，小花多枚，花冠蝶形，黄色。荚果线状扁圆柱形；种子 6～10 枚，干燥种子略呈圆柱形而稍扁，长 5～7mm，直径约 3mm，种皮赤褐色或紫褐色，微有光泽。

【观赏特征】花期 5～8 月，果期 8～9 月。起点缀作用，调和色彩，形成靓丽的景色，观赏期为花期，果实也有观赏色彩。

（二）景观应用

【适用范围】用于大田景观、果林景观的营造。

【应用类型】用于大田或林下成片种植。

（三）栽培技术

【播种与定植】红小豆耐阴，多以间套作方式种植。可与春玉米、高粱、谷子套种，与夏玉米、夏谷混作。

【田间管理】苗期要多中耕松土，有利于根瘤生长。开花后生长旺盛时，可适当打顶尖，摘除无效花枝，使养分集中到荚，促子粒饱满。开花前后如遇旱要及时浇水。

【病虫害防治】红小豆生长前期要注意防治蚜虫和红蜘蛛，中后期注意防治钻心虫，以防止蛀食豆荚。贮存期间防治绿豆象。入库前用50℃高温灭虫、药剂熏杀，采取缺氧保管等措施。

六、水稻 *Oryza sativa*

（任容　摄）　（任容　摄）

（任容　摄）

（一）品种特征

【生物学特性】 禾本科稻属的一年生草本植株。秆直立，高0.5～1.5m，随品种而异。叶鞘松弛，无毛；叶舌披针形，长10～25mm，两侧基部下延长成叶鞘边缘，具2枚镰形抱茎的叶耳；叶片线状披针形，长40cm左右，宽约1cm，无毛，粗糙。圆锥花序大型疏展，长约30cm，分枝多，棱粗糙，成熟期向下弯垂。颖果长约5mm，宽约2mm，厚约1～1.5mm。

【观赏特征】稻田由稻埂分割呈块，成熟前呈现一片油绿的景象，成熟后一片金黄。若成熟有先后，则呈现黄绿交加的斑块美景。

（二）景观应用

【适用范围】用于大田景观、园区景观、设施景观的营造。

【应用类型】用于大田成片种植，形成规模景观。或于园区或设施中少量丛植、片植，用于景观装饰、科普教育。也可利用彩色水稻制作各种图案的稻田画。

（三）栽培技术

【播种与定植】播种前需要晒种、消毒、催芽。播种量要均匀，一般杂交稻播种 247kg/hm^2，常规稻栽插田 54 247kg/hm^2。播前施肥、整地。湿润育秧的秧龄大约是 27d，叶龄在 7d 左右。北京地区水稻一般在 5 月下旬至 6 月上旬移栽。插秧深浅一致，深度不得超过 3cm，稀栽浅插，每穴 3～4 苗，分蘖力弱的品种插 5～6 苗。插秧株行距以 27cm×18cm 为宜。

【田间管理】水浆管理以湿润为主，浅水勤灌，够苗晒田，有水抽穗，湿润壮籽，防止脱水过早。播种至出苗期间（包括播后除草期间）湿润管理，齐苗前如遇太阳暴晒、田面开拆，可于下午 3：00 后灌跑马水。齐苗后浅水勤灌，间歇露田，切忌深水久灌。幼苗 2～3 叶时每亩施尿素 3～4kg，播后 30～35d 施尿素、钾肥各 5～7kg，播种后 50d 左右看苗施尿素、钾肥各 3～4kg，抽穗前后喷施谷籽饱 1 包，作叶面肥、壮籽肥。

【病虫害防治】播种当天或播后前两天，全面用一次秧田除草剂，进行化学除草；若除草效果欠佳，可于播后 20～30d 再次除草。播种前和孕穗前分别投放“敌鼠钠盐”毒饵，以防鼠害。播种时用“好安威”拌种，防止稻蓟马、二化螟等害虫。秧苗 2 叶期用一次“破菌”等药剂喷雾，防治水稻霜霉病。

七、甘薯 *Ipomoea batatas*

（一）品种特征

【生物学特性】旋花科番薯属的一年生草本植物，又名番薯、红薯、白薯、红苕、朱薯、金薯、山芋、山药、地瓜等。甘薯顶叶和成熟叶叶形主要有心形、圆形、肾形、尖心形、三角形和缺刻形等，且同一品种乃至同株叶形多种并呈。顶叶、成熟叶、叶脉、脉基、叶柄、叶柄基和蔓等部位颜色主要有绿、紫、褐、黄、红等多种，且往往存在次色，如叶柄有绿带紫色。甘薯藤蔓基部有一定数量

（王忠义　摄）

（多数 3～6 个）的分枝，藤蔓长短不一，长者可达 800cm 以上，短者 50cm 左右，有些品种茎尖端存在茸毛。甘薯藤蔓株型主要有直立、半直立、匍匐、攀缘等类型。薯块主要有球形、短纺锤形、纺锤形、长纺锤形、上膨纺锤形、下膨纺锤形、筒形、弯曲形、不规则形等形状，薯皮有白、淡黄、棕黄、黄、褐、粉红、红、紫红、紫、深紫等主色，有时还有次色存在。薯肉有白、淡黄、黄、橘黄、橘红、粉红、红、紫红、紫、深紫等主色，有时也有次色存在。

【观赏特征】观赏甘薯的叶、茎、花都具有很好的观赏价值，各品种都具有特有的叶形、叶色、花形、花色、茎色和形状，这些可以组成绚丽多彩的园林景观。不同叶色的甘薯可营造出不同色块的景观田。另有“空中结薯”技术，一串串的甘薯像葡萄一样挂在离地面 3m 多高的甘薯藤架上。“悬空甘薯”的根系生长在营养液中，薯块却结在空中，和常规甘薯相比，这种方式培育出的“悬空甘薯”不但具有观赏价值，更可实现连续生长和采收。

（二）景观应用

【适用范围】用于大田景观、园区景观、设施景观的营造。

【应用类型】可作为地被植物、树篱和绿篱，也可作为吊篮植物或盆栽，也在园林中作基础栽植。

（三）栽培技术

【播种与定植】选用良种和优质种苗。应选排水良好、地势较高的砂性土壤，结合增施有机肥，深耕起垄。平原地区一般垄距 80cm，山区旱薄地垄距 70cm，垄高 25～30cm，垄面宽 60cm。定植期一般在 5 月中、上旬，一般中短蔓品种，春薯亩栽 4 000株左右。

【田间管理】栽后 3～5d 进行，将死苗、病苗拔掉，补栽壮苗。甘薯是耐旱作物，一般年份不用浇水，在秧蔓封垄前如遇特殊干旱，应顺沟浇一次水。在薯秧接近封垄时，用 15%多效唑 20g 兑水 15kg，喷洒叶面，防止秧蔓徒长；或在薯秧接近封垄时，即秧蔓长 60cm 时，一边中耕除草，一边打顶摘心，控制秧蔓徒长。甘薯在栽培过程中严禁翻秧，翻蔓一次减产 10%以上。宜在气温降至于 15℃左右开始收获，12℃左右收完。

【病虫害防治】注意防治甘薯黑斑病、软腐病、根腐病、茎线虫病、小象甲等。

（四）推荐品种

1. **紫叶甘薯** 掌状叶全缘或三裂，紫色，叶长可达 18cm，叶宽可达 16cm，叶柄长可达 30cm，茎粗 0.7cm，有角棱，嫩茎有毛，有块根。茎长可达 3m。

2. **金叶甘薯** 掌状叶全缘或三裂，黄绿色，叶长可达 20cm，叶宽可达 16cm，叶柄长可达 28cm，茎粗 0.6cm，有角棱，嫩茎有毛，有块根，稀有开花。茎长可达 3m。

3. **三色甘薯** 掌状叶三裂，展开幼叶蓝绿色，边缘玫瑰红色，成熟叶蓝绿色，边缘粉白色。叶长可达 10cm，叶宽可达 9cm，叶柄长可达 18cm，茎粗 0.3cm，无角棱，嫩茎有疏毛，有块根。茎长可达 2m。

第三章 景观药材作物

CHAPTER3

一、软枣猕猴桃 *Actinidia arguta*

（聂紫瑾　摄）

（聂紫瑾　摄）

（一）品种特征

【生物学特性】 猕猴桃科猕猴桃属的多年生大型落叶藤本，又名软枣子、圆枣子、圆枣、奇异莓等。小枝基本无毛或幼嫩时星散地薄被柔软绒毛或茸毛，长7～15cm，隔年枝灰褐色，直径4mm左右，洁净无毛或部分表皮呈污灰色皮屑状。叶膜质或纸质，卵形、长圆形、阔卵形至近圆形，长6～12cm，宽5～10cm，顶端急短尖，基部圆形至浅心形，等侧或稍不等侧，边缘具繁密的锐锯齿，腹面深绿色，无毛，背面绿色；叶柄长3～6（～10）cm，无毛或略被微弱的卷曲柔毛。花绿白色或黄绿色，芳香，直径1.2～2cm；花瓣4～6片，楔状倒卵形或瓢状倒阔卵形，长7～9mm。果圆球形至柱状长圆形，长2～3cm，有喙或喙不显著，无毛，无斑点，不具宿存萼片，成熟时绿黄色或紫红色。开花期6月，果实成熟期9～10月。

【观赏特征】 软枣猕猴桃爬藤能力强，可在廊架上形成郁郁葱葱的景观效果。秋季黄绿叶片相间，色彩丰富。

（二）景观应用

【适用范围】 适用于园区景观、设施景观。

【应用类型】 用于廊架景观的营造，也可用作野果采摘。

【搭配】 廊架柱基较空的地方，可搭配种植一些株高相当的草本花卉或矮生藤本花卉，丰富廊架的景观内容。

（三）栽培技术

【播种与定植】于春季用嫩枝扦插繁殖，扦插深度5～6cm，株行距均为5cm左右。保持插穗湿润，大田条件下于插后头5d进行遮阳，1个月后即可成活生根。定植的株行距约为（2～3）m×（1～2）m。

【田间管理】栽植1～2年培养3个主蔓，第三年培养结果枝。通过修剪使侧蔓上的结果母枝及其结果枝分布均匀，经3～4年可使枝蔓布满架，修剪可在夏季和晚秋进行。

【病虫害防治】主要有猕猴桃炭疽病和红蜘蛛、介壳虫等，注意防治。

二、金莲花 *Trollius chinensis*

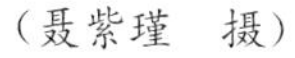

（聂紫瑾 摄）

（聂紫瑾 摄）

（一）品种特征

【生物学特性】毛茛科金莲花属的一年生或多年生草本植物，别名旱荷、旱莲花寒荷、陆地莲、旱地莲、金梅草、金疙瘩。植株全体无毛。茎高30～70cm，不分枝，疏生（2～）3～4叶。基生叶1～4个，长16～36cm，有长柄；叶片五角形，长3.8～6.8cm，宽6.8～12.5cm。茎生叶似基生叶，下部的具长柄，上部的较小，具短柄或无柄。花单独顶生或2～3朵组成稀疏的聚伞花序，直径3.8～5.5cm，通常在4.5cm左右；苞片三裂；萼片（6～）10～15（～19）片，金黄色，干时不变绿色，椭圆状卵形或倒卵形。6～7月开花，8～9月结果。

【观赏特征】叶圆形似荷叶，花形近似喇叭，萼筒细长，常见黄、橙、红色。另有变种矮金莲，株形紧密低矮，枝叶密生，株高仅达30cm，适宜盆栽观赏，花期2～5月。是很好的装饰用花卉，也可构成窗景。

（二）景观应用

【适用范围】金莲花喜冷凉湿润环境，多生长在海拔1 800m以上的高山草甸或疏林地带，因此适用于海拔较高地区的大田景观或用于阳台农业盆栽。

【应用类型】可单独成片种植，用于观赏或金莲花茶采摘；也可与其他花卉搭配或与果树间套作种植。

【搭配】 可与不同颜色与株高的草本花卉搭配构成色彩不同、高低搭配的花卉景观。

（三）栽培技术

【播种与定植】 选平缓地或平缓稀疏林地种植，要求排水好，富含有机质的砂壤土。耕地前每亩施腐熟厩肥 3 000～4 000kg，均匀撒于地面，翻耕入地里，再耙平做畦，一般做平畦，在多雨地区可作高畦，畦宽 1.4～1.5m。常用种子繁殖，也可用分株繁殖。可秋播也可春播，秋播于种子采收后及时播种，春播在早春地解冻后及时用经低温砂藏的种子播种育苗。播种前浇水、整地。冬播者于第二年早春出苗，春播者于播后 15～20d 出苗。出苗后要注意常拔草，保持苗床干净无杂草，干旱需及时浇水，当年 8 月初即可移栽，或于第二年早春发芽前移栽。按行株距 30cm×20cm 定植。

【田间管理】 金莲花生长期间注意中耕除草、排水灌溉。出苗返青后、6～7 月、冬季上冻前应适当追肥。每次施肥时开沟，施后盖上。金莲花果实由绿转黑褐色，种子呈黑色时即表示成熟，应及时采收。采用种子育苗移栽的植株，于播后第二年有部分植株开花，第三年以后大量开花；采用分根繁殖者，当年即可开花。在开花季节及时将盛开的花朵采下运回晒场，把花倒在晒场上摊开晒干或者阴干，即可供药用。

【病虫害防治】 金莲花一般生长在高海拔、冷凉地区，病虫害较少。

三、黄精 *Polygonatum sibiricum*

（曹广才　摄）

（曹广才　摄）

（一）品种特征

【生物学特性】 百合科黄精属的多年生草本植物，又名鸡头黄精、黄鸡菜、笔管菜、爪子参、老虎姜、鸡爪参。具有补脾、润肺生津的功效。根状茎圆柱状，由于结节膨大，因此“节间”一头粗、一头细，在粗的一头有短分枝（称为鸡头黄精），直径 1～2cm。茎高50～90cm，或可达 1m 以上，有时呈攀援状。叶轮生，每轮 4～6 枚，条状披针形，长 8～15cm，宽（4～）6～16mm，先端拳卷或弯曲成钩。花序通常具 2～4 朵花，似呈伞形，俯垂；花被乳白色至淡黄色，全长 9～12mm。浆果直径 7～10mm，黑色，具 4～7

颗种子。花期 5～6 月，果期 8～9 月。

【观赏特征】植株绿色，白色小花坠挂于叶柄基部，围成一圈，洁净雅致。

（二）景观应用

【适用范围】黄精喜荫蔽，适用于林下景观的营造。

【应用类型】适宜林下片植或丛植，也可用于阳台农业，作为盆栽。

【搭配】和各类景观林、经济林形成多层次的立体景观。

（三）栽培技术

【播种与定植】选择湿润和有充分荫蔽的地块，土壤以质地疏松、保水力好的壤土或砂壤土为宜。播种前先深翻 1 遍，结合整地每亩施农家肥 2 000kg，翻入土中作基肥，然后耙细整平，作畦，畦宽 1.2m。于晚秋选 1～2 年生健壮、无病虫害的植株根茎，选取先端幼嫩部分，截成数段，每段有 3～4 节，伤口稍加晾干，按行距 22～24cm、株距 10～16cm、深 5cm 栽种，覆土后稍加镇压并浇水，盖一些圈肥和草以保暖。

【田间管理】生长前期要经常中耕除草，每年于 4、6、9、11 月各进行 1 次，宜浅锄并适当培土，后期拔草即可。若遇干旱或种在较向阳、干旱地方的需要及时浇水。每年结合中耕除草进行追肥，前 3 次中耕后每亩施用土杂肥 1 500kg，与过磷酸钙 50kg、饼肥 50kg，混合拌匀后于行间开沟施入，施后覆土盖肥。黄精忌涝，应注意排水。黄精以秋季采收质量好，栽培 3～4 年秋季地上部枯萎后采收，挖取根茎，除去地上部分及须根，洗去泥土，置蒸笼内蒸至呈现油润时，取出晒干或烘干，或置水中煮沸后，捞出晒干或烘干。

【病虫害防治】注意防治叶斑病、黑斑病和蛴螬。

四、玉竹 *Polygonatum odoratum*

（聂紫瑾 摄）

（吴东兵 摄）

（一）品种特征

【生物学特性】百合科黄精属的多年生草本植物，又名地管子、尾参、铃铛菜、葳蕤等。根状茎圆柱形，直径 5～14mm。茎高 20～50cm。叶互生，椭圆形至卵状矩圆形，长 5～12cm，宽 3～16cm，先端尖，下面带灰白色，下面脉上平滑至呈乳头状粗糙。花序具 1～4 花，在栽培情况下，可多至 8 朵；总花梗（单花时为花梗）长 1～1.5cm，无苞片或有条状披针形苞片；花被黄绿色至白色，全长 13～20mm，花被筒较直，裂片长约 3～4mm。浆果蓝黑色，直径 7～10mm，具 7～9 颗种子。花期 5～6 月，果期 7～9 月。

【观赏特征】参见黄精。

（二）景观应用

【适用范围】黄精喜荫蔽，适用于林下景观的营造。

【应用类型】适宜林下片植或丛植，也可用于阳台农业，作为盆栽。

【搭配】和各类景观林、经济林形成多层次的立体景观。

（三）栽培技术

【播种与定植】【田间管理】【病虫害防治】参见黄精。

五、蓝刺头 *Echinops sphaerocephalus*

（时祥云　摄）

（时祥云　摄）

（一）品种特征

【生物学特性】菊科蓝刺头属的一年生草本植物，又名蓝星球。蓝刺头株高 50～150cm，茎单生，上部分枝长或短，粗壮，全部茎枝被稠密的多细胞长节毛和稀疏的蛛丝状薄毛。叶互生，常羽状齿裂或深裂，齿和裂片有刺；头状花序各有 1 小花；总苞由刺状外苞片和线形或披针形的内苞片组成，全部花聚合成一稠密、圆球状的复头状花序，下有俯垂而藏于花序底的叶状苞片；瘦果长形，四棱形或圆柱形，常被长柔毛，顶端有短鳞片多枚，是一种优良的蜜源植物，且具有一定的药用功效。

【观赏特征】蓝刺头花果期8～9月。颜色为蓝灰色，形态有“单头型”和“多头型”两种。蓝刺头花形独特、花色艳丽，制作干花观赏期长。

（二）景观应用

【适用范围】适用于园区景观、大田景观、设施景观等。

【应用类型】可单株种植、丛植、片植或地被绿化，模式类型为区域、镶边；也可干燥后作室内装饰的干花。

【搭配】可与其他黄、红等不同颜色的花卉搭配，形成色彩各异的花卉景观。

（三）栽培技术

【播种与定植】蓝刺头宜栽植于阳光足、排水良好的土壤。3月播种育苗，4月分苗，5月按40cm×40cm株行距定植。

【田间管理】定植后浇一次透水。注意中耕除草，适当控制浇水，雨后及时排水。

【病虫害防治】蓝刺头未见有病虫害发生。

六、黄芩 *Scutellaria baicalensis*

（聂紫瑾　摄）

（聂紫瑾　摄）

（一）品种特征

【生物学特性】唇形科黄芩属的多年生草本植物，别名山茶根、土金茶根。根茎肥厚，肉质，径达2cm，伸长而分枝。株高30～120cm，茎绿色或带紫色，自基部多分枝。叶坚纸质，披针形至线状披针形，长1.5～4.5cm，宽0.5～1.2cm，顶端钝，基部圆形，全缘，上面暗绿色，下面色较淡。花序在茎及枝上顶生，总状，长7～15cm，常于茎顶聚成圆锥花序。花冠紫、紫红至蓝色，长2.3～3cm，花丝扁平，花柱细长，花盘环状，子房褐色，小坚果卵球形。花期7～8月，果期8～9月。

【观赏特征】一年生植株一般出苗后2个月开始现蕾，二年生及其以后的黄芩，多于返青出苗后70～80d开始现蕾，现蕾后10d左右开始开花，40d左右果实开始成熟，如环境条件适宜，黄芩开花可持续到霜枯期。黄芩为无限花序，开花期长。

(二) 景观应用

【适用范围】适用于林下景观、园区景观等。
【应用类型】可片植于林下、林缘地带，也可条带种植于道路两旁。

(三) 栽培技术

【播种与定植】黄芩以种子直播繁殖为主。多于春季进行播种，一般在5cm地温稳定在12～15℃时播种，北方地区多在4月中上旬前后，但播种期可一直持续到9月下旬。北京地区一般于5月底、6月初进入雨季后播种。采用沟播的方式，亩播量为1.5～2kg，行距为30～50cm。当幼苗长到4cm高时要间去过密和瘦弱的小苗，按株距10cm定苗。

【田间管理】应及时松土除草，并结合松土向幼苗四周适当培土，保持疏松、无杂草，一年需要除草3～4次。一般于第二年返青时开沟追施复合肥，亩追肥量为30～40kg。黄芩茶可在5～8月进行采收，采收2～4茬均可。黄芩根一般于第二年秋季采用机械采挖的方式刨出。

【病虫害防治】黄芩常见病害有叶枯病、根腐病。前者可在发病初期喷施波尔多液或多菌灵，后者应注意排水，及早拔出病株烧毁，病株处土壤用石灰消毒。害虫有黄芩舞蛾，可用敌百虫防治。

七、桔梗 *Platycodon grandiflorus*

（丁彩英　摄）

（聂紫瑾　摄）

(一) 品种特征

【生物学特性】桔梗科桔梗属的多年生草本植物，别名包袱花、铃铛花、僧帽花。茎高20～120cm，通常无毛，偶密被短毛，不分枝，极少上部分枝。叶全部轮生，部分轮生至全部互生，无柄或有极短的柄。叶片卵形，卵状椭圆形至披针形，长2～7cm，宽0.5～3.5cm，基部宽楔形至圆钝，急尖，上面无毛而绿色，下面常无毛而有白粉，边顶端缘具细锯齿。花单朵顶生，或数朵集成假总状花序，或有花序分枝而集成圆锥花序；花冠大，长1.5～4.0cm，蓝色、紫色或白色。花期7～9月。

【观赏特征】桔梗花大，形状如钟，且颜色艳丽，具有很好的观赏价值。

（二）景观应用

【适用范围】适宜园区景观、设施景观、大田景观和林果景观等的营造。
【应用类型】可孤植、片植、丛植，可用于装饰花镜，或道路两旁，或设施棚当。

（三）栽培技术

【播种与定植】以种子繁殖为主，栽培桔梗最好用二年生植株产的种子，一年四季都可播种。秋播当年出苗，生长期长，产量和质量高于春播。秋播于10月下旬以前。播前可用温水浸种、催芽，提高发芽率。生产上多采用条播，行距15～25cm，深3～6cm，覆土0.5～1cm。条播每亩用种0.5～1.5kg。苗高8cm时定苗，株距6～10cm。

【田间管理】每次结合间苗除草，定植后适时中耕，封垄后不再除草。一般进行4～5次追肥。分别为齐苗时、6月中旬、8月、入冬植株枯萎后、翌年苗齐后。桔梗花期长达3个月，要及时去除花蕾，以提高产量和质量。生产中多采用人工去蕾，10多天进行1次，整个花期约6次；也可以用乙烯利除花。留种田在6月开花前施肥，6～7月去除小侧枝和顶端花序，后期花序也可去除。种子从上部开始成熟，分批采收。地下根茎以秋季采挖最好。采收时要防止伤根，不能挖断主根而影响等级和品质。

【病虫害防治】桔梗常见病害有根腐病、白粉病、根线虫病、紫纹羽病、炭疽病、轮纹病和斑枯病，常见害虫有拟地甲。

八、金银花 *Lonicera japonica*

（聂紫瑾　摄）

（聂紫瑾　摄）

（一）品种特征

【生物学特性】忍冬科忍冬属的多年生半常绿缠绕及匍匐茎的灌木，又名金银藤、银藤、二色花藤、二宝藤、右转藤、子风藤、鸳鸯藤、二花。小枝细长，中空，藤为褐色至赤褐色。夏季开花，苞片叶状，唇形花有淡香，外面有柔毛和腺毛，雄蕊和花柱均伸出花冠，花成对生于叶腋，花色初为白色，渐变为黄色，黄白相映，球形浆果，熟时黑色。花期5～7月，果期9～10月。

【观赏特征】金银花，3月开花，五出，微香，蒂带红色，花初开则色白，经一、二日则色黄，故名金银花。又因为一蒂二花，两条花蕊探在外，成双成对，形影不离，状如雄雌相伴，又似鸳鸯对舞，故有鸳鸯藤之称。

（二）景观应用

【适用范围】适宜于园区景观、林下景观和大田景观等。

【应用类型】树型金银花适宜于成片栽植，用作金银花茶采摘；也可条带种植于道路两旁，用于行道装饰。藤本金银花更适合于在林下、林缘、建筑物北侧等处做地被栽培；还可以做绿化矮墙；亦可用于制作花廊、花架、花栏、花柱以及缠绕假山石等。

【搭配】适宜于各种果树供游客采摘，也可与各种其他园林植物搭配用作观赏。

（三）栽培技术

【播种与定植】种前深翻30cm以上。4月初挖定植穴，株行距为2m×1m。每穴底施有机肥5kg或农家肥15kg，与土壤拌匀。生产上主要推荐扦插繁殖，扦插可在春、夏、秋季进行，雨季扦插成活率最高。春插苗当年秋季可移栽，夏秋苗可于翌年春季移栽。春秋两季均可定植，在穴坑内栽植金银花，覆土后适当压紧，浇透定植水。

【田间管理】每年初春地面解冻后和秋冬上冻前，进行松土和培土，保持植株周围无杂草；同时，每株追施尿素0.1kg或复合肥0.15kg。栽植后1～2年内，为了培育直立粗壮的主干，进行整形修剪，促进新枝萌发，达到枝多花多。一般5月中下旬采摘第一茬花，1个月后陆续采摘二、三茬花。摘花最佳时间是上午11：00左右，此时绿原酸含量最高。应采摘花蕾上部膨大略带乳白色、下部青绿、含苞待放的花蕾，过早、过迟都不适宜。

【病虫害防治】金银花常见病害有褐斑病、白粉病、炭疽病等，常见害虫有蚜虫、尺蠖和天牛等。

九、射干 *Belamcanda chinensis*

（一）品种特征

【生物学特性】鸢尾科射干属的多年生草本植物。根状茎为不规则的块状，斜伸，黄色或黄褐色；须根多数，带黄色。茎高1～1.5m，实心。叶互生，剑形，长20～60cm，宽2～4cm，基部鞘状抱茎，顶端渐尖，无中脉。花序顶生，叉状分枝，每分枝的顶端聚生有数朵花；花梗细，长约1.5cm；花橙红色，散生紫褐色的斑点，直径4～5cm。蒴果倒卵形，黄绿色，成熟时3瓣裂；种子球形，黑紫色，有光泽，着生于果实的中轴上。花期6～8

（李琳　摄）

月，果期 7～9 月。

【观赏特征】射干生长健壮，花姿轻盈，叶形优美。

（二）景观应用

【适用范围】适用于园区景观、设施景观、大田景观等的营造。

【应用类型】可作基础栽植，或在坡地、草坪上片植或丛植，或作小路镶边，是花镜的优良材料，也是切花、切叶的好材料。

（三）栽培技术

【播种与定植】选择地势高燥或平地砂质壤土，排水良好为宜。前茬不严，但忌患过线虫病的土地。多施圈肥或堆肥，每亩 0.25～0.4t，加过磷酸钙 15～25kg，耕深 16cm，耕平做畦。在生产中常用根茎繁殖，生长快，二年即可收获。在早春挖出根，将生活力强的根茎切成段，每段有 2～3 个根芽，禁止单芽繁殖，因长势不好，剪去过长的须根，留 10cm 即可，按行距 30～50cm，株距 16～20cm，穴深 6cm，芽向上，将呈绿色的根芽露出土面，其余全部埋入土中，浇水。每亩用根茎 100kg。种子繁殖需提前浸种催芽。

【田间管理】春季勤除草和松土，6 月封垄后不要松土和除草，在根部培土防止倒伏。射干每年应追肥 3 次，分别在 3 月、6 月及冬季中耕后进行。春夏以人畜粪水为主，冬季可施土杂肥，并增施磷钾肥。除留种田外，其余植株抽薹时须及时摘薹，使其养分集中供于根茎生长，以利增产。越冬期要浇冻水，冬灌后用稻草、麦秆或其他草类覆盖射干，可以有效预防冻害的发生。

【病虫害防治】射干生长期的病害有根腐病、锈病、叶斑病、花叶病等，害虫有黄斑草毒蛾、大灰象甲、大青叶蝉、柑橘并盾蚧、地老虎、蛴螬、蝼蛄、钻心虫等。

十、益母草 *Leonurus artemisia*

（一）品种特征

【生物学特性】唇形科益母草属的一年或二年生草本植物，又名益母蒿、益母艾、红花艾、坤草、野天麻、玉米草、灯笼草、铁麻干等。茎直立，通常高 30～120cm，钝四棱形，多分枝，或仅于茎中部以上有能育的小枝条。叶轮廓变化很大，茎下部叶轮廓为卵形，通常长 2.5～6cm，宽 1.5～4cm；茎中部叶轮廓为菱形，较小。轮伞花序腋生，具 8～15 花，轮廓为圆球形，径 2～2.5cm，多数远离而组成长穗状花序；花冠粉红至淡紫红色，长 1～1.2cm。

（吴东兵　摄）

【观赏特征】益母草叶形优美，粉色花拥簇其间，可作为较好的观花和观叶植物。

（二）景观应用

【适用范围】适宜大田景观、园区景观等的打造。

【应用类型】可孤植、丛植，用于花径或行道的装饰。

（三）栽培技术

【播种与定植】益母草分早熟益母草和冬性益母草，一般均采用种子繁殖，以直播方法种植，育苗移栽者亦有，但产量较低。播种按行距27cm，穴距20cm，深3～5cm开浅穴播种。选当年新鲜的、发芽率一般在80%以上的籽种。穴播者每亩一般备种400～450g，条播者每亩备种500～600g。苗高15～20cm时定苗，条播者采取错株留苗，株距在10cm左右；穴播者每穴留苗2～3株。

【田间管理】按植株生长情况适时进行中耕除草。每次中耕除草后要追肥一次，以施氮肥为佳，用尿素、硫酸铵、饼肥或人畜粪尿均可，追肥时要注意浇水。雨季雨水集中时要防止积水，应注意适时排水。

【病虫害防治】病害有白粉病，在发病前后用25%锈粉宁1 000倍液防治。菌核病可喷1∶500的瑞枯霉，或喷1∶1∶300倍波尔多液，或喷40%菌核利500倍液等防治。还有花叶病等为害。害虫有蚜虫，春、秋季发生，用化学制剂防治。小地老虎于早晨捕杀，或堆草诱杀。

十一、景天三七 *Sedum aizoon*

（时祥云　摄）

（时祥云　摄）

（一）品种特征

【生物学特性】景天科景天属的多年生草本植物。根状茎短，粗茎高20～50cm，有1～3条茎，直立，无毛，不分枝。叶互生，狭披针形、椭圆状披针形至卵状倒披针形，长3.5～8cm，宽1.2～2cm，先端渐尖，基部楔形，边缘有不整齐的锯齿；叶坚实，近革质。聚伞花序有多花，水平分枝，平展，下托以苞叶。花瓣5个，黄色，长圆形至椭圆状披针形，长6～10mm。花期6～7月，果期8～9月。

【观赏特征描述】景天三七生长旺盛，地表覆盖度高，适宜作为地被植物，开花前呈一片整齐的绿色，开花后呈一片壮观的金黄色。

（二）景观应用

【适用范围】用于园区景观、大田景观、设施景观、林下景观等的营造。

【应用类型】用于花坛、花境、地被，但需隔离；可作为镶边植物，也可盆栽或吊栽，调节空气湿度，点缀平台庭院等。

（三）栽培技术

【播种与定植】播前整地施肥。可通过扦插育苗或分株繁殖。扦插育苗在7～8月，截取地上茎，插于扦插床中，扦插过程中要保持土壤湿润，温度在20～30℃，约4～5d生根，生根后可移于大田。分株繁殖适宜于春季和秋季进行，分株后按行株距30cm×30cm栽种，每穴1株。

【田间管理】若作为保健蔬菜，嫩枝生长至20cm、茎粗0.6cm左右时即可采收。每收割一次后，结合浇水每亩施尿素5kg、磷酸二氢钾2kg，并经常保持土壤湿润。若作为观赏植物，粗放管理即可。

【病虫害防治】景天三七表面有蜡质，病害较少，注意防治蚜虫，发现后可用低残留农药喷洒1～2次。

十二、藿香 *Agastache rugosa*

（李琳　摄）

（一）品种特征

【生物学特性】唇形科藿香属的多年生草本植物，又名合香、苍告、山茴香等。茎直立，高0.5～1.5m，四棱形，粗达7～8mm，叶心状卵形至长圆状披针形，花冠淡紫蓝色，长约8mm，成熟小坚果卵状长圆形，长约1.8mm，宽约1.1mm，花期6～9月，果期9～11月。

【观赏特征】藿香全株都具有香味，花蓝紫色，成片种植具有较好的视觉和嗅觉效果。

（二）景观应用

【适用范围】适宜园区景观、设施景观、大田景观等的营造。

【应用类型】多用于花径、池畔和庭院成片栽植，亦可盆栽作为休闲产品。

【搭配】常与其他芳香植物进行搭配。

（三）栽培技术

【播种与定植】整地选土质疏松、肥沃、排水良好的砂质壤土，平地或缓坡地。秋翻深 20～25cm，每亩施农家肥 1 500～2 000kg，翻入地里，整平耙细，做畦。种子直播一般为春播，3 月下旬至 4 月上、中旬进行，按行距 25～30cm 开 1.0～1.5cm 深的浅沟，将种子拌沙，均匀地撒入沟内，覆土 1cm，稍加镇压。土壤过干则浇透水。每亩用种子 500～800g，苗高 10～12cm 时间苗。也可育苗移栽，苗高 12～15cm 时移栽。

【田间管理】每年进行 3～4 次中耕，分别在苗高 3～5cm、7～10cm、15～20cm、25～30cm 时。每次结合中耕除草追施氮肥。雨季要及时疏沟排水，防止田间积水引起植株烂根。旱季及时灌水，抗旱保苗。4～6 月采摘嫩茎叶或幼苗；现蕾开花时采花序洗净、切段；7～8 月盛花期收获。

【病虫害防治】初期喷施 50%多菌灵 800～1 000 倍液或 50%硫菌灵 1 000～1 500 倍液，同时增施叶面肥防治斑枯病和枯萎病。另外，红蜘蛛用 40%乐果 2 000 倍液喷杀，银纹夜蛾用 90%敌百虫 1 000 倍液喷杀。

十三、龙胆草 *Gentiana scabra*

（聂紫瑾　摄）

（张连学　摄）

（一）品种特征

【生物学特性】龙胆科龙胆属的多年生草本植物，别名胆草、草龙胆、山龙胆。株高 30～60cm。叶对生，下部叶 2～3 对很小，呈现鳞片状，中部和上部叶披针形，表面暗绿色，背面淡绿色，有 3 条明显叶脉，无叶柄。花生于枝梢或近梢的叶腋间，开蓝色筒状钟形花。果实长椭圆形稍扁，成熟后二瓣开裂，种子多数，很小。根茎短，簇生多数细长根，淡黄棕色或淡黄色。每年 4 月中旬萌发，8 月开花，花期 8～9 月，果实 9 月成熟。

全年生长期180～210d左右。

【观赏特征】龙胆草花色艳丽奇特，花型别致，是一种高山植物，适宜潮湿凉爽的气候。

（二）景观应用

【适用范围】适宜大田景观、园区景观等的装饰与点缀。

【应用类型】适宜单植、丛植或片植于道路两侧，起到装饰与点缀的作用。

（三）栽培技术

【播种与定植】播前深翻20cm左右，结合整地施足底肥，然后整平耙细、做畦。一般11月播种，翌年春萌芽。播种时混入适量沙或腐殖质，采用条播。分株繁殖多在早春4月上旬，芽尚未出土前进行，将根全部掘出，分成小簇，每簇1～2个小芽，按株距40cm、株距20～30cm栽植，勿使芽露出土面，以免被风吹干。

【田间管理】见草即出，适时松土。移栽后、现蕾期和开花结果期共追施3次叶面肥。3～4年生龙胆草可在生育期间进行适量根系追肥，可采用沟施的方式。若以根系产量为主，应将非采种田的花蕾全部摘除，促进根茎生长；若以观花为目的，可保留较多的花头数。

【病虫害防治】龙胆草常见斑枯病，主要危害叶片，可通过培肥地力、土壤消毒、种苗消毒、合理密植、药剂防治、及时销毁病残体等方式进行防治。

十四、玫瑰 *Rosa rugosa*

（杨林　摄）

（杨林　摄）

（一）品种特征

【生物学特性】蔷薇科蔷薇属的落叶灌木，又名徘徊花、刺客、穿心玫瑰、刺玫花、赤蔷薇花、海桂。高2m左右，枝条粗壮，茎丛生，密生刺毛。奇数羽状复叶互生，小叶5～9枚，矩圆形至卵形，先端尖，边缘有锯齿，表面有皱纹，背面略被白霜，网脉明显，有绒毛及腺点；总叶柄有绒毛及刺毛；托叶与总叶柄合生。花单生于枝端，有时数朵簇生，紫红色或白色，香气浓，愈干愈烈，果实橙红色，微扁球形。花期5～6月，果期6～7月。

【观赏特征】玫瑰根茎软，无法做成鲜切花，且玫瑰花瓣只有三轮，因此用玫瑰和月季杂交的五轮花瓣的现代月季作为市场的鲜切花“玫瑰”。它是中国传统的十大名花之一，也是世界四大切花之一，素有“花中皇后”之美称。

（二）景观应用

【适用范围】 适于坡地景观、园区景观、大田景观等的营造。

【应用类型】 玫瑰是城市绿化和园林的理想花木，适用于作花篱，也是街道庭院园林绿化、花径花坛及百花园的材料，可点缀广场草地、堤岸、花池，成片栽植花丛。

（三）栽培技术

【播种与定植】 玫瑰花以分株繁殖为主，亦可压条、扦插繁殖。选择向阳、肥沃疏松、排水良好的壤土或砂壤土为宜。耕前施肥、整地、作成高畦，宽 1.5m，高 15cm 左右，两边挖 30cm 的排水沟。在整好的畦面上，按行距 1.3m、株距 1m，挖深 40～50cm、直径 50～60cm 的穴。挖松下层硬土，施入基肥，再盖土 5～0cm。然后将苗株栽入穴中，填平、踏实、浇透定根水。在早春新芽萌发后到 3 月间定植，苗株要带土团移栽，过迟不宜进行，否则不易成活。若在落叶后至次春萌发前移植，苗株可以裸根掘取，可不带土团，但侧根长度应不小于 20cm，否则不易成活。

【田间管理】 经常松土除草。每年春季芽刚萌动时，用稀薄人畜粪水，浇灌于根际周围，注意不要污染茎叶。秋季落叶后，在植株周围开环状沟施肥，每株施入堆肥或厩肥 25kg、过磷酸钙 2kg，既可增加土壤肥力，又可防寒。在 12 月中旬，剪除交叉枝、枯枝、老枝和病虫害枝。在第一批花开后，要在花枝基部以上 10～20cm 处或枝条充实处，选留一健壮腋芽，然后剪断，可增强树势，促多发新枝，使第二年花蕾增多。作药用玫瑰或玫瑰花茶时应在含苞待放时采摘，采后阴干或烘干，不宜曝晒。

【病虫害防治】 注意防治白粉病，以及蔷薇白轮蚧、蚜虫、红蜘蛛等害虫。

十五、芍药 *Paeonia lactiflora*

（石颜通　摄）

（石颜通　摄）

（一）品种特征

【生物学特性】 芍药科芍药属的多年生草本植物，别名将离、离草、婪尾春、余容、犁食、没骨花、黑牵夷、红药、殿春等。根粗壮，分枝黑褐色。茎高40～70cm，无毛。下部茎生叶为二回三出复叶，上部茎生叶为三出复叶；小叶狭卵形、椭圆形或披针形，顶端渐尖，基部楔形或偏斜，边缘具白色骨质细齿，两面无毛，背面沿叶脉疏生短柔毛。花数朵，生茎顶和叶腋，有时仅顶端一朵开放，而近顶端叶腋处有发育不好的花芽，直径8～11.5cm；花瓣长3.5～6cm，宽1.5～4.5cm，白色，有时基部具深紫色斑块；花丝长0.7～1.2cm，黄色；花盘浅杯状，包裹心皮基部，顶端裂片钝圆。花期5～6月，果期8月。

【观赏特征】芍药是中国的传统名花，与花中之王牡丹齐名。花大、颜色各异且鲜艳，观赏价值高，是园林应用和切花的优良花卉植物种类。

（二）景观应用

【适用范围】适于坡地景观、园区景观、大田景观等的营造。

【应用类型】可单植、丛植、片植，点缀花径或规模种植成花海。

（三）栽培技术

【播种与定植】选择图层深厚、地下水位低、排水良好、疏松肥沃的砂壤土田块种植，并施肥、整地。芍药的繁殖有分根繁殖和种子繁殖等方法，生产上多采用分根繁殖法，一般于8月下旬至9月中旬移栽，宜早不宜晚，最迟不超过10月下旬。栽植行株距为50cm×30cm，穴深12cm，直径20cm；穴内先浇足水，水渗下后在穴底铺厩肥，其上覆土4cm厚，压实后将芍药芽尖朝上放入穴中间，每穴放芍药芽1～2个。栽后每穴培土10～15cm高。

【田间管理】越冬前浇足冻水。翌年早春土壤解冻后，及时去除培土，松土保墒，以利出苗。幼苗出土后的2年内，每年中耕除草3～4次，以后每年在植株萌芽至封垄前除草4～6次。芍药是喜肥作物，每年追肥3次，分别在3月中耕除草后、5月和7月。芍药喜干怕涝，一般不需浇水，仅需在重旱时一次灌透，多雨时注意排水。芍药在栽后第三年开花，需提前开花的，可移栽3年生及以上的苗子。

【病虫害防治】危害芍药的病虫害有灰霉病、锈病、软腐病、蛴螬、小地老虎等。

十六、牡丹 *Paeonia suffruticosa*

（曹作兰 摄）

（文平 摄）

（一）品种特征

【生物学特性】 毛茛科芍药属的多年生落叶小灌木，又名鼠姑、鹿韭、白茸、木芍药、百雨金、洛阳花、富贵花。茎高达 2m，分枝短而粗。叶通常为二回三出复叶，偶尔近枝顶的叶为 3 小叶；顶生小叶宽卵形，长 7～8cm，宽 5.5～7cm，3 裂至中部，表面绿色，背面淡绿色，有时具白粉；侧生小叶狭卵形或长圆状卵形，长 4.5～6.5cm，宽2.5～4cm，不等 2 裂至 3 浅裂或不裂。花单生枝顶，直径 10～17cm；花瓣 5，或为重瓣，玫瑰色、红紫色、粉红色至白色，通常变异很大，倒卵形，长 5～8cm，宽 4.2～6cm，顶端呈不规则的波状；雄蕊长 1～1.7cm，花丝紫红色、粉红色，上部白色，长约 1.3cm，花药长圆形，长 4mm；花盘革质，杯状，紫红色，顶端有数个锐齿或裂片，完全包住心皮，在心皮成熟时开裂。花期 5 月，果期 6 月。

【观赏特征】 牡丹色、姿、香、韵俱佳，花大色艳，花姿绰约，韵压群芳，素有“花中之王”的美誉。栽培牡丹有牡丹系、紫斑牡丹系、黄牡丹系等品系，通常分为墨紫色、白色、黄色、粉色、红色、紫色、雪青色、绿色八大色系，按照花期又分为早花、中花、晚花类，依花的结构分为单花、台阁两类，又有单瓣、重瓣、千叶之异。

（二）景观应用

【适用范围】 适于园区景观、大田景观等的营造。

【应用类型】 可单植、丛植、片植，点缀花径或规模种植成花海。

（三）栽培技术

【播种与定植】 牡丹繁殖方法有分株、嫁接、播种等，但以分株及嫁接居多，播种方法多用于培育新品种。选用质地疏松、肥沃，中性微碱的土壤，施肥、整地，于春季移栽。

【田间管理】 栽植后浇一次透水。牡丹忌积水，生长季节酌情浇水。北方干旱地区一般浇花前水、花后水、封冻水。栽植一年后秋季可施肥，以腐熟有机肥为主。结合松土，撒施、穴施均可。春、夏季多用化学肥料，结合浇水施花前肥、花后肥。栽植当年，多行平茬。春季萌发后留 5 枝左右，其余抹除，集中营养，使第二年花大色艳。秋冬季结合清园，剪去干花柄、细弱、无花枝。生长季节应及时中耕除草。

【病虫害防治】 牡丹常见的病害有褐斑病、根腐病，常见的害虫为吹绵蚧壳虫。

第四章 景观花卉作物

一、麦秆菊 *Helichrysum bracteatum*

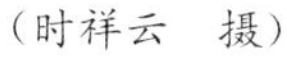

（时祥云　摄）

（聂紫瑾　摄）

（一）品种特征

【生物学特性】菊科腊菊属的多年生草本植物，别名腊菊、贝细工。株高 50～90cm，茎多分枝，全株被微毛。叶互生，条状披针形，全缘，无叶柄。头状花序单生枝端。苞片多层、膜质、覆瓦状排列，外层苞片短，内部各层苞片伸长酷似舌状花，有白、黄、橙、粉、红及暗色等，一般被误认为花瓣。黄色小型的管状花聚生在花盘中央。瘦果灰褐色，光滑。花期 7～9 月。

【观赏特征】花朵苞层密呈覆瓦状，颜色多样，膜质发亮，干燥而硬，色彩绚丽经久不凋。整株花多而密。区域种植花色繁多艳丽异常，具有极好的景观效果；个体植株具有干花的特点，盆栽效果也不错。

（二）景观应用

【适用范围】根据本身的株型及其花色特点，较为适合设施景观、园区景观。

【应用类型】主要用做区域、镶边，可布置花坛、花境。

【搭配】与其株高相仿或更矮的花卉搭配为宜。若颜色有差别，效果会更好。

（三）栽培技术

【播种与定植】主要通过种子直播，可春播和秋播。春播于 4 月上旬播于露地苗床，秋播于9月中、下旬播于温床越冬。发芽适温为15～20℃，种子具有好光性，覆土宜薄，播后轻轻镇压即可，种子出苗后需进行二次间苗。第二次间苗后施一次10%的腐熟人粪尿。当幼苗长出4～5片真叶时定植于园地或上盆，定植株距为30cm，行距为40～50cm。

【田间管理】定植后至开花期间，施两次腐熟的有机肥。梅雨季节注意排水，防止烂根。当苗高6～10cm并有6片以上的叶片后，把顶梢摘掉，保留下部的3～4片叶，促使分枝。当侧枝长到6～8cm时进行第二次摘心。定植成活后，至未封垄前进行2～3次中耕除草。

【病虫害防治】主要病害为锈病（黑锈病、白锈病、褐锈病）。防治时首先要选择抗病品种，保证第二母本植株无病，扦插时插穗进行代森锰锌消毒，要加强田间管理，如增施磷钾肥、忌连作、注意排水增光等。

二、翠菊 *Callistephus chinensis*

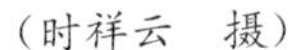

（时祥云　摄）　（聂紫瑾　摄）

（一）品种特征

【生物学特性】菊科翠菊属的一年生草本植物，别名江西腊、七月菊。株高30～90cm，茎直立，茎有白色糙毛。叶互生，广卵形至三角状卵圆形。中部叶卵形或匙形，具不规则粗钝锯齿，头状花序单生枝顶，花径3～15cm。总苞片多层，苞片叶状。盘缘舌状花，色彩丰富，盘心筒状花黄色。花期8～10月。

【观赏特征】翠菊品种多，类型丰富，花期长，色鲜艳，有红、紫、蓝、白、黄等花色。翠菊柱形尺度多样、花色丰富，是园林绿化中常用的观赏花卉品种，广泛应用于各类景观项目。

（二）景观应用

【适用范围】主要适宜的景观类型为大田、设施、坡地、园区。

【应用类型】矮型品种适合盆栽观赏，也宜用于花坛边缘；中、高型品种适于各种类型的园林布置；高型品种可作“背景花卉”，也可作为室内花卉，或作切花材料。

【搭配】翠菊在与其他景观植物搭配造景时，常用作景观花卉，其后以高大花卉或花灌木作背景，营造出丰富的景观层次美和不同色彩的组合美。翠菊适合与其他不同品种、不同种类的菊花组合成菊花专类观赏园。

（三）栽培技术

【播种与定植】一般于3～4月播种，出苗后应及时间苗。经一次移栽后，苗高10cm时定植，行距40cm，株距40cm。基肥最好是腐熟的有机肥或磷钾肥。

【田间管理】翠菊喜凉爽气候，但不耐寒，怕高温，要求光照充足，喜适度肥沃、潮湿而又疏松的土壤，不宜连作。生长期间中耕除草3次，遇旱浇水施磷钾肥。

【病虫害防治】翠菊主要有黄化病、灰霉病、枯萎病、锈病和褐斑病。注意进行土壤消毒，及时药剂防治。

三、金鸡菊 *Coreopsis drummondii*

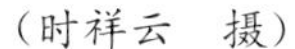

（时祥云　摄）

（一）品种特征

【生物学特性】菊科金鸡菊属的多年生宿根草本植物，别名小波斯菊、金钱菊、孔雀菊。株高60～100cm，全株疏生长毛，叶全缘浅裂，茎生叶长圆匙形或披针形，茎生叶3～5裂，头状花序径6～7cm，具长梗，花金黄色。7～8月开花，二年生的金鸡菊于5月底、6月初开花。

【观赏特征】金鸡菊枝叶密集，尤其是冬季幼叶萌生，鲜绿成片。春夏之间，花大色艳，常开不绝。可观叶，也可观花。在屋顶绿化中作覆盖材料效果极好，还可作花境材料。

（二）景观应用

【适用范围】金鸡菊主要适宜的景观类型为设施、坡地、园区。

【应用类型】主要适宜的类型为区域或镶边。

（三）栽培技术

【播种与定植】于4月底播种，按照40cm×40cm株行距定植。
【田间管理】7～8月追一次肥，及时中耕除草。
【病虫害防治】主要病虫害为疫病、褐斑病、地老虎。

四、蛇鞭菊 *Liatris spicata*

（一）品种特征

【生物学特性】又称马尾花、蛇根菊等，属菊科蛇鞭菊属的多年生草本花卉。茎基部膨大呈扁球形，地上茎直立，株形锥状。叶线形或披针形，由上至下逐渐变小，下部叶长17cm左右，宽约1cm，平直或卷曲，上部叶5cm左右，宽约4mm，平直，斜向上伸展。头状花序排列成密穗状，花葶长70～120cm，花序部分约占整个花葶长的1/2，小花由上而下次第开放，淡紫红色，花期7～8月。

（时祥云　摄）

【观赏特征】蛇鞭菊花红紫色。因多数小头状花序聚集成长穗状花序，呈鞭形而得名。花期长，花茎挺立，花色清丽，不仅有自然花材之美，而且具美好的花寓意。在夏秋之际，色彩绚丽，恬静宜人，给人以静谧与舒适的感觉。

（二）景观应用

【适用范围】适用于大田、设施、坡地、林果、园区等景观应用。
【应用类型】应用于区域和镶边种植。

（三）栽培技术

【播种与定植】一般采用分株繁殖，最好是在早春（2～3月）土壤解冻后进行。定植的适期在4月中、下旬至6月初。定植前深翻、敲碎、耙平土壤，筑畦，施农家肥。定植密度为每亩4 000～6 000株。

【田间管理】地栽菊缓苗以后应及时进行一次摘心，只留最下部的5～6片叶，生产3～4支花。株高20～30cm时要追加施肥。现蕾时随时摘除主蕾以下的所有侧蕾。定植前和生长初期都要追施肥料。在生长期保持土壤稍湿润，每半月施肥1次。在夏季应适当培土，防止植株倒伏，规模化生产时设置网架以防止倒伏。每2～3年分株1次。

【病虫害防治】常有叶斑病、锈病和根结线虫为害，可用稀释800倍的75%百菌清可湿性粉剂等喷洒。

五、蛇目菊 *Sanvitalia procumbens*

（时祥云　摄）

（一）品种特征

【生物学特性】 别称小波斯菊、金钱菊、孔雀菊，为蛇目菊科蛇目菊属的一二年草本植物。株高60～80cm，基部光滑，上部多分枝。叶对生，基部生叶2～3回羽状深裂，裂片呈披针形，上部叶片无叶柄而有翅，基部叶片有长柄。头状花序着生在纤细的枝条顶部，有总梗，常数个花序组成聚伞花丛。舌状花单轮，花瓣6～8枚，黄色，基部或中下部红褐色，管状花紫褐色。总苞片2层，内层长于外层。花期6～8月。

（二）景观应用

【适用范围】 适宜于坡地、林果等景观。
【应用类型】 用作区域或镶边种植。

（三）栽培技术

【播期】 于3～4月播种，5～6月开花；于6月播种，9月开花。定植时，高秧种保持40cm株距，矮秧种保持20cm株距。

【田间管理】 在开花之前一般进行两次摘心，以促使萌发更多的开花枝条。上盆1～2周后，或者当苗高6～10cm并有6片以上的叶片后，把顶梢摘掉，保留下部的3～4片叶，促使分枝。在第一次摘心3～5周后，或当侧枝长到6～8cm长时，进行第二次摘心，即把侧枝的顶梢摘掉，保留侧枝下面的4片叶。进行两次摘心后，株型会更加理想，开花数量也多。

【病虫害防治】 注意防治蚜虫。

六、万寿菊 *Tagetes erecta*

（郝洪才　摄）

（郝洪才　摄）

（一）品种特征

【生物学特性】别称臭芙蓉、万寿灯、蜂窝菊、臭菊花、蝎子菊，为菊科万寿菊属的一年生草本植物。株高 60～100cm，茎粗壮，绿色，直立，分枝向上平展。单叶羽状全裂对生，裂片披针形，具锯齿，上部叶时有互生，裂片边缘有油腺，锯齿有芒。头状花序着生枝顶，径 5～8cm，舌状花黄或橙色，总花梗肿大，花期 7～9 月。

【观赏特征】万寿菊花朵硕大，色彩艳丽，在群体栽植后整齐一致，可供人们欣赏其艳丽的色彩和丰满的株型。

（二）景观应用

【适用范围】最适宜于坡地景观、林果景观等，也可用于园区景观的搭配。

【应用类型】应用于区域或镶边种植。

（三）栽培技术

【播期】一般万寿菊于移栽前 50d 左右育苗，每亩万寿菊需苗床 20～25m^2，用种约 30g。3 月下旬至 4 月上旬施肥、整地、做畦。当苗茎粗 0.3cm、株高 15～20cm、出现 3～4 对真叶时即可移栽。采用宽窄行种植，大行 70cm，小行 50cm，株距35～40cm，亩保苗 2 600～3 000 株，按大小苗分行栽植。一般在 5 月 20 日开始移栽，5 月 28 日前结束。

【中期管理】缓苗成活后，应及时除草松土，防止板结，在株高 20～25cm 时，及时进行平顶摘心，并起垄培土，高度以不埋第一分枝为宜。在整个生育期都可进行叶面追肥，特别每次采花后及时追肥以满足养分供应"强身健体"，增强抗病能力，促进花提早成熟，增加采花次数。喷施时间以下午 6：00 以后为好，每亩喷施尿素 30g、磷酸二氢钾 30g。

【病虫害防治】病害主要以预防为主，在高温、高湿或阴雨季节定期喷施杀菌药物，在苗木进入休眠阶段喷施石硫合剂进行全面杀菌，保证苗木健壮生长。苗木长势强健，本身就抵御了一定的病害侵入。黑斑病是主要病害，主要侵害叶片、叶柄和嫩梢。

七、黑心金光菊 *Rudbeckia hirta*

（聂紫瑾　摄）

（杨林　摄）

（一）品种特征

【生物学特性】菊科金光菊属的一年或二年生草本植物，学名黑心金光菊，又称黑心菊、黑眼菊。株高30～100cm。茎不分枝或上部分枝，全株被粗刺毛。下部叶长卵圆形、长圆形或匙形，顶端尖或渐尖，基部楔状下延，有三出脉，边缘有细锯齿，有具翅的柄，长8～12cm；上部叶长圆披针形，顶端渐尖，边缘有细至粗疏锯齿或全缘，无柄或具短柄，长3～5cm，宽1～1.5cm，两面被白色密刺毛。头状花序，有长花序梗。舌状花鲜黄色；舌片长圆形，通常10～14个，长20～40mm，顶端有2～3个不整齐短齿。管状花暗褐色或暗紫色。春秋播，花期6～10月。

【观赏特征】花心隆起，紫褐色，花心有橄榄绿的“爱尔兰眼睛”，周边瓣状小花金黄色。栽培变种边花有桐棕、栗褐色，重瓣和半重瓣类型。花期较长，自初夏至降霜。

（二）景观应用

【适用范围】适宜园区景观、大田景观、设施景观等的营造。

【应用类型】用作丛植、片植、公路绿化、花坛花境、草地边植，也可作切花，可露地越冬，能自播繁殖。

（三）栽培技术

【播种与定植】选择疏松通气良好的砂壤土。施足基肥，深翻整地，深度在25cm以上，并整平、耙细、作畦。1份种子加10份细砂，混匀后直接撒播。播完后覆土、覆膜、遮光。10～15d发芽，小苗出齐前一般不再浇水，见干供水。4片叶左右时移栽，8～10片叶时定植。

【田间管理】新植小苗应控水蹲苗，苗后期充足供水促进生长；花期灌水，勿使叶丛中间钻水引起花芽腐烂。叶子过密时及时将植株外层老叶、病叶摘除，改善通风透光条件。

【病虫害防治】黑心菊常见病害有锈病、枯萎病和根腐病。害虫有红蜘蛛和蚜虫。

八、松果菊 *Echinacea purpurea*

（聂紫瑾　摄）

（杨林　摄）

（一）品种特征

【生物学特性】菊科松果菊属的多年生草本植物，又名紫锥花、紫锥菊、紫松果菊。株高50～150cm，全株具粗毛，茎直立。基生叶卵形或三角形，茎生叶卵状披针形，叶柄基部稍抱茎；头状花序单生于枝顶，或数多聚生，花径达10cm，舌状花紫红色，管状花橙黄色，花期6～7月。

【观赏特征】松果菊花朵较大，花色和种类较多，花色鲜艳，具有极高的观赏价值。

（二）景观应用

【适用范围】适宜于坡地景观、园区景观、设施景观、大田景观等的营造。

【应用类型】可作背景栽植或作花境、坡地材料，亦作切花。

（三）栽培技术

【播种与定植】可在春季4月下旬或秋季9月初进行播种。秋季播种，来年4月底或5月初就能开花，花期2个多月；5月播种，9月可开花；6月播种，10月可开花。将露地苗床深翻整平后浇透水，待水全部渗入地下后撒播种子，保持每粒种子占地面积$4cm^2$，控制温度在22℃左右，2周即可发芽。幼苗有2片真叶时间苗移植。当苗高约10cm时定植。定植株行距40cm×40cm。

【田间管理】定植植株根据需要确定株行距，并浇透水。生长期应增施肥水。临近花期可叶面喷施2次高锰酸钾液肥，则花色艳丽持久，株形丰满匀称。对于露地越冬植株，应在花后清除残花花枝与枯叶，浇足冻水或将地下部分用堆肥覆盖或壅土覆盖。欲使松果菊多开花，可采取分期播种和花后及时修剪两种方法。如 6 月花谢后修剪，同时给予良好的肥水条件，至 9～10 月又可再一次开花。

【病虫害防治】松果菊抗病能力较强，病虫害较少。常见病害有根腐病和黄叶病，常见虫害有菜青虫。

九、硫华菊 *Cosmos sulphurens*

（聂紫瑾　摄）

（聂紫瑾　摄）

（一）品种特征

【生物学特性】菊科硫华菊属的草本植物。菊直立、丛生、多分枝。叶对生，二回羽状深裂，裂片呈披针形，有短尖，叶缘粗糙，头状花序着生于枝顶，舌状花有单瓣和重瓣两种，直径 3～5cm，颜色多为黄、金黄、橙色、红色，瘦果总长 1.8～2.5cm，棕褐色，坚硬，粗糙有毛，顶端有细长喙。春播花期 6～8 月，夏播花期 9～10 月。

【观赏特征】小花多且鲜艳，在山野田园种植，别有一番景致。

（二）景观应用

【适用范围】适宜于坡地景观、园区景观、设施景观、大田景观等的营造。

【应用类型】硫华菊花大、色艳，但株形不整齐，适宜多株丛植或片植。也可利用其能自播繁衍的特点，与其他多年生花卉一起用于花境栽植，或在草坪及林缘自然式配植。植株低矮紧凑、花头较密的矮生种，可用于花坛布置，也可用作切花。

（三）栽培技术

【播种与定植】常用的繁殖方法有播种和扦插两种。播种时常用撒播的方式。发芽适温为 18～22℃，可于春夏种植。

【田间管理】硫华菊管理较粗放。因植株较高，花序长，易倒伏，在栽培管理时一般不施用氮肥，适量增加磷、钾肥即可。在生长期内结合浇水，15～20d 施 1 次腐熟的鸡粪便或豆饼肥，出现花蕾时，用 1%～2%磷酸二氢钾溶液喷洒更佳，每次施肥前应松土除草。

【病虫害防治】 硫华菊常见病害有叶斑病、茎腐病、根腐病、病白粉病。常见害虫有红蜘蛛、蚜虫、白粉虱。

十、蓝花鼠尾草 *Salvia farinacea*

（任荣　摄）

（任荣　摄）

（一）品种特征

【生物学特性】 唇形科鼠尾草属的多年生草本植物。茎直立，高 40～60cm。叶对生，为长椭圆形，长 3～5cm，灰绿色，叶表有凹凸状织纹，且有褶皱，灰白色，香味刺鼻浓郁。具长穗状花序，花冠淡红、淡紫、淡蓝至白色，长约 12mm，冠筒直伸，筒状，长约 9mm，外伸，基部宽 2mm，向上渐宽，至喉部宽达 3.5mm。花期6～9月。

【观赏特征】 成片种植形成大片蓝紫色，非常具有视觉冲击力，是薰衣草景观在北京较佳的替代品。

（二）景观应用

【适用范围】 生于山坡、路旁、荫蔽草丛，水边及林荫下，海拔 220～1 100m。较为适宜的景观类型为大田、设施、坡地、林果、园区。

【应用类型】 主要用作区域、镶边种植。

（三）栽培技术

【播期】 种子直播、育苗或扦插繁殖均可。种子繁殖可在春季和初秋播种。播种前先温汤浸种催芽或用清水浸泡 24h 后播种。由于鼠尾草种子小，宜浅播。播后要覆盖薄土，并要经常洒水，以保持土壤湿润。扦插繁殖在 5～6 月进行，选枝顶端不太嫩的顶梢，长 5～8cm，在茎节下位剪断，摘去基部 2～3 片叶，按行株距 5cm×5cm 插入苗床中，深 2.5～3cm。插后浇水，并覆盖塑料膜保湿。20～30d 发出新根后按行株距（45～50）cm×（25～30）cm 定植。

【田间管理】 定植后应及时松土除草，干旱时应适当灌溉，雨后必须及时排水。生长季节根据情况追肥 2～3 次，每次每亩可追尿素 5kg 左右。冬季需培土越冬，一般在地上部收获后、冬冻前灌水后即培20cm高的土，翌春终霜后扒开土浇水，使其萌芽生长。

【病虫害防治】鼠尾草生长强健，耐病虫害。

十一、柳叶马鞭草 *Verbena bonariensis*

（郝洪才　摄）

（郝洪才　摄）

（一）品种特征

【生物学特性】马鞭草科马鞭草属的多年生草本植物，又名紫顶龙芽草、野荆芥、龙芽草、凤颈草、蜻蜓草、退血草、燕尾草。株高30～120cm。茎四方形，近基部可为圆形，节和棱上有硬毛。叶片卵圆形至倒卵形或长圆状披针形，长2～8cm，宽1～5cm，基生叶的边缘通常有粗锯齿和缺刻，茎生叶多数3深裂，裂片边缘有不整齐锯齿，两面均有硬毛，背面脉上尤多。穗状花序顶生和腋生，细弱；花小，无柄，最初密集，结果时疏离；苞片稍短于花萼，具硬毛；花萼长约2mm，有硬毛，有5脉，脉间凹穴处质薄而色淡；花冠淡紫至蓝色，长4～8mm，外面有微毛。果长圆形，长约2mm，外果皮薄，成熟时4瓣裂。花期6～8月，果期7～10月。

【观赏特征】花开时，一片紫色的海洋，身姿摇曳，花色娇艳，且观赏期繁茂而长久，花挺高却不倒伏，是薰衣草景观在北京很好的替代品。

（二）景观应用

【适用范围】适宜大田景观、园区景观、坡地景观等的营造。

【应用类型】适宜成片种植，营造富有视觉冲击力的紫色大地景观。除了营造壮观的花海外，也适合与其他植物配植，作花境的背景材料。

（三）栽培技术

【播种与定植】播种育苗繁殖为主，发芽适温20～25℃，播后10～15d发芽，整个穴盘育苗周期为40～45d，1～5月播种为好，播种到开花需要的时间为4～5个月。通常采用200孔穴盘育苗，以便移栽定植，介质采用进口草炭土，以确保种苗整齐健壮。播后45d、真叶两三对、根系成团时方可移栽。移栽缓苗后两周，可通过打顶方式促进分枝，增加未来单株开花量。穴盘苗不建议直接下地，一般移栽到9～12cm营养钵生长两个月之后再定植。定植株行距一般在25cm×25cm为宜。定植前一般需浇水、除草、翻耕、耙平。定植后浇透水，使20cm土层保持湿润。

【田间管理】定植后1.5～2.5个月后开始进入盛花初期。马鞭草非常耐旱，养护过程中见干见湿，不可过湿。

【病虫害防治】未发现有较为严重的病虫害发生。但大量积水会导致根腐病，要及时排水、松土以避免发生。

十二、醉蝶 *Cleome spinosa*

（聂紫瑾　摄）

（聂紫瑾　摄）

（一）品种特征

【生物学特性】白花菜科白花菜属的一年生草本植物，又名西洋白花菜、风蝶草、紫龙须、蜘蛛花。株高60～100cm，被有黏质腺毛，枝叶具气味。掌状复叶互生，小叶5～7枚，长椭圆状披针形，有叶柄，两枚托叶演变成钩刺。总状花序顶生，边开花边伸长，花多数，花瓣4枚，淡紫色，具长爪；雄蕊6枚，花丝长约7cm，超过花瓣一倍多，蓝紫色，明显伸出花外，雌蕊更长。花期7～10月。蒴果细圆柱形，内含种子多数。

【观赏特征】醉蝶花花梗长而壮实，总状花序形成一个丰茂的花球，色彩红白相映，浓淡适宜，尤其是其长爪的花瓣，长长的雄蕊伸出花冠之外，形似蜘蛛，又如龙须，颇为有趣。醉蝶花开放时，花瓣慢慢张开，长爪由弯曲到从花朵里弹出，其过程如同电影快镜头慢放一般。

（二）景观应用

【适用范围】适合大田、设施、坡地、林果、园区景观类型中的种植。

【应用类型】适于布置花坛、花境或在路边、林缘成片栽植，适于在庭院窗前屋后布置，同时也可盆栽或切花插瓶观赏。

【搭配】单独成片种植景观效果较好，但也可尝试与其他作物相配，别有一番景致。

（三）栽培技术

【播种与定植】醉蝶的种植不需要特殊的土壤，但最好是排水良好、含腐殖质的砂质土壤。一般于3～4月播种，10～14d发芽。幼苗期生长缓慢，注意拔草与间苗，长至5～6cm高时可定植。

【田间管理】醉蝶能耐干旱，但给予较大的空气湿度则长势更好，盛夏每天浇水，并要浇透。初期定植时施薄肥1次；生长中期控制施肥，保持株形适中美观。在开花之前一般进行两次摘心，以促使萌发更多的开花枝条。当苗高6～10cm并叶片达6片以上时，把顶梢摘掉，保留下部的3～4片叶，促使分枝。在第一次摘心3～5周后，或当侧枝长到6～8cm长时，进行第二次摘心，即把侧枝的顶梢摘掉，保留侧枝下面的4片叶。进行两次摘心后，株型会更加理想，开花数量也多。

【病虫害防治】常有叶斑病和锈病危害，叶斑病用50%甲基硫菌灵可湿性粉剂500倍液喷洒，锈病可用50%萎锈灵可湿性粉剂3 000倍液喷洒防治。

十三、紫茉莉 *Mirabilis jalapa*

（一）品种特征

【生物学特性】紫茉莉科紫茉莉属的草本植物，别名草茉莉、胭脂花、地雷花、粉豆花。是多年生草本花卉，但常作一年生栽培。株高可达1m，主茎直立，圆柱形，多分枝。单叶对生，卵状或卵状三角形，全缘。花顶生，总苞内仅1花，无花瓣。花萼呈花瓣状，喇叭形，直径2.5cm左右。花午后开，次晨凋萎，不久即脱落。花香。瓣化花萼有紫红、粉红、红、黄、白等各种颜色，也有杂色。有一株上开放两种花色的，常见的有红色加黄色、白色加粉色。花期6～10月，果期8～11月。

（时祥云　摄）

【观赏特征】该花数朵顶生，并有条纹或斑点状复色，具茉莉香味。花色丰富，抗性强，能自播繁殖。花夜开日闭，在傍晚或夜间纳凉的地方布置，颇增生趣。

（二）景观应用

【适用范围】较为适合坡地、林果、园区路边区域种植。

【应用类型】可在房前屋后、篱旁、路边丛植，或于林缘周围成片栽培。

（三）栽培技术

【播种与定植】4 月中、下旬直播于露地，发芽适温 15～20℃，7～8d 萌发。因属深根性花卉，不宜在露地苗床播种后移栽。如有条件可事先播入内径 10cm 的筒盆，成苗后脱盆定植。华北多作一年生栽培，或于秋末将老根掘起，置于 5℃室内越冬，翌春植露地仍可下午盛开至次日清晨凋谢。定植行距为 50cm，株距为 40cm。

【田间管理】紫茉莉生长容易，养护管理较为粗放，在生长期间适当施肥、浇水即可。

【病虫害防治】病虫害较少，天气干燥易长蚜虫，平时注意保湿可预防蚜虫。栽培在花圃、庭院中，多年来未发现病虫害。

十四、亚洲百合 *Lilium asiatica*

（时祥云　摄）

（时祥云　摄）

（时祥云　摄）

（一）品种特征

【生物学特性】百合科百合属的多年生球根草本花卉，由卷丹、垂花百合、川百合、朝鲜百合等种和杂种群中选育出来的栽培杂种系。鳞茎近球形，叶片披针形。花色丰富，花型姿态多样。

【观赏特征】亚洲百合花色丰富，花型姿态分为三类：花朵向上开放、花朵向外开放、花朵下垂花瓣外卷。花期 4～5 月。

（二）景观应用

【适用范围】该品种主要适合的景观类型为大田、设施、坡地、林果、园区。

【应用类型】盆栽观赏，花坛、花镜布置，或丛植、片植于园林、绿地中美化环境，为重要的切花。

（三）栽培技术

【播种与定植】待百合鳞根稍干后，于初春 4 月初至 5 月中旬播种，行距 40cm，株距 40cm。定植 3～4 周后追肥，以氮钾为主，要少而勤。忌碱性和含氟肥料，以免引起烧叶。通常情况下可使用尿素、硫酸铵、硝酸铵等酸性化肥，切勿施用复合肥和磷酸二氨等化肥。

【田间管理】在生长期要勤松土、除草，结合浇水施肥进行中耕。一般在生长期施稀释液肥2～3次，以促其株苗生长发育。将近孕蕾开花时，施1～2次磷、钾肥，以保证株苗在孕蕾和开花期有充足营养，不仅可使花朵硕大、色鲜，还可促进球茎的发育。大面积栽植，要注意通风透气和适当遮阴。

【病虫害防治】常见病害有百合花叶病、鳞茎腐烂病、斑点病、叶枯病等。害虫主要有蚜虫、地老虎、蝼蛄、蚂蚁、蚯蚓、线虫等。注意要清除杂草，采用药剂防治。

十五、金娃娃萱草 *Hemerocallis fulva* ‘Golden Doll’

（时祥云 摄）

（时祥云 摄）

（一）品种特征

【生物学特性】百合科萱草属的宿根花卉，别名黄百合。全株光滑无毛，根茎短，有肉质的纤维根，叶自根基丛生，狭长呈线形，主脉明显，基部交互裹抱。花葶由叶丛抽出，上部分枝，呈圆花序，数朵花生于顶端，花大黄色。先端6裂钟状，下部管状。花期6～9月。株高30cm，花莛粗壮，高约35cm。螺旋状聚伞花序，花径7～8cm，金黄色。

（二）景观应用

【适用范围】主要适宜的景观类型为大田、坡地、园区。

【应用类型】应用于区域和镶边种植。

（三）栽培技术

【播期】可通过分株繁殖，宜在休眠期进行。于4～5月将二年生以上的植株挖起，一芽分成一株，每株须带有完整的芽头。然后按株行距20cm×20cm或15cm×25cm移栽定植。

【田间管理】注意随时中耕除草。

【病虫害防治】锈病、叶斑病和叶枯病的预防，应在加强栽培管理的基础上，及时清理杂草、老叶及干枯花葶。在发病初期，锈病用15%粉锈宁喷雾防治1～2次，叶枯病、叶斑病用50%代森锰锌等喷雾防治。

十六、大花萱草 *Hemerocallis middendorfii*

（黄全平　摄）

（黄全平　摄）

（一）品种特征

【生物学特性】别名大苞萱草，为百合科萱草属多年生宿根草本花卉。植株高 25～35cm，冠径 40～100cm。花莛由叶簇中抽出，直立圆柱状，高约 50cm，通常高出于叶，螺旋状聚伞花序，每个花序着花数十朵，花蕾似簪。苞小披针形，花漏斗状，单花寿命不超过 24h，清晨开放，暮色时分闭合，晚上萎蔫，之后其他花陆续开放。除蓝色和纯白色以外，其余花色均有栽培品种。花径变化大，花形各异。花期 6～9 月。

【观赏特征】萱草花色鲜艳，绿叶成丛极为美观，丛植和群植效果最好。

（二）景观应用

【适用范围】适宜于大田、坡地、林果、园区景观类型。

【应用类型】应用于区域或镶边种植。

（三）栽培技术

【播种与定植】可通过分株繁殖。春季分株，当年可抽薹开花；秋季分株，翌年才能抽薹开花。移栽应选生长旺盛、花蕾多、品质好、无病虫害的植株。萱草栽培大多在早春 3 月初、萌芽前进行。栽培最好种植在排水良好、土层深厚、土壤肥沃疏松、夏季不积水、富含有机质的土壤中。栽植时株行距须保持 40～50cm。挖穴栽植，穴为三角形，栽 3～5 株。栽植不宜过深或过浅，过深分蘖慢，过浅分蘖虽快，但多生长瘦弱。一般定植穴深 30cm 以上，施入基肥至离地面 15～20cm，栽后覆土压实。每亩用 500～600kg 加水人粪尿点施定苗，确保成活率。

【田间管理】萱草水肥管理简单，由于花期长，除种植时施足基肥外，花前及花期需追肥两三次。以补充磷钾肥为主，也可喷施 0.2%的磷酸二氢钾，促使花朵肥大，并达到延长花期的效果。同时结合浇水，促进多分枝、早现蕾。种植地的土壤持水量保持在 70%～80%，干旱时浇水。华北地区七八月雨水量大，要排水防涝。入冬前应灌冻水，保证来年发苗早。定植后、幼苗期应及时中耕除草。春苗出土前进行一次浅松土，出苗后再适时浅锄3～4次，可达到除草防旱的双重目的。

【病虫害防治】萱草的主要病害是锈病、叶斑病和叶枯病。

十七、狼尾草 *Pennisetum alopecuroides*

（任荣　摄）

（任荣　摄）

（一）品种特征

【生物学特性】禾本科狼尾草属的多年生草本植物，又名狗尾巴草、芮草、老鼠狼、狗仔尾、狼尾巴蕏。茎直立，丛生，高30～120cm。叶互生或近对生；叶无柄或近无柄；叶片线状长圆形至披针形，长6～10cm，宽0.8～1.5cm；先端尖，基部渐窄，边缘多少向外卷折，两面及边缘疏被短柔毛，表面通常无腺点。总状花序顶生，花密集，常弯向一侧呈狼尾状，长5～25cm；花序轴和花梗均被柔毛；苞片条形，长约6mm；花梗长4～6mm；花萼近钟形，长约3.5mm，5深裂，裂片长圆形，外面被柔毛，边缘膜质，呈小流苏状；花冠白色，5深裂，裂片长圆状披针形，长为花萼的3～4倍。蒴果球形，包于宿存的花萼内。花期5～8月，果期8～10月。

【观赏特征】多生于海拔50～3 200m的田岸、荒地、道旁及小山坡上。多年生狼尾草根系较发达，具有良好的固土护坡功能。是摄影爱好者较为喜爱的浪漫情调的景观作物，野趣诗意十足。

（二）景观应用

【适用范围】较为适用坡地、林果、园区栽植。

【应用类型】用作区域或镶边种植。

（三）栽培技术

【播种与定植】用种子直播和分株繁殖。直播于2～3月将种子均匀撒入整好的地上，盖一层细土。分株繁殖时将草带根挖起，切成数丛，按株行距15cm×10cm开穴栽种，盖土浇水。

【田间管理】狼尾草生性强健，萌发力强，容易栽培，对水肥要求不高。

【病虫害防治】少有病虫害。

十八、千日红 *Gomphrena globosa*

（时祥云　摄）

（时祥云　摄）

（一）品种特征

【生物学特性】苋科千日红属的一年生直立草本植物，又名火球花、百日红。株高20～60cm，茎粗壮，有分枝。叶片纸质，长椭圆形或矩圆状倒卵形，长3.5～13cm，宽1.5～5cm，顶端急尖或圆钝，凸尖，基部渐狭，边缘波状，两面有小斑点、白色长柔毛及缘毛。花多数，密生，成顶生球形或矩圆形头状花序，单一或2～3个，直径2～2.5cm，常紫红色，有时淡紫色或白色。花果期6～9月。

【观赏特征】千日红花期长，花色鲜艳，且花后不落，色泽不褪，仍保持鲜艳。具有很好的观赏价值，是城市美化、公园以及家庭选择的极好观赏植物。花期时，一片紫红色大花在绿叶的陪衬下，在紫红色花朵上还点缀着白色的绒毛，分外好看，是夏季非常受欢迎的公园里的花朵，开得分外灿烂。

（二）景观应用

【适用范围】较为适用的景观类型为大田、设施、坡地、园区。

【应用类型】主要用作区域、镶边种植。

（三）栽培技术

【播种与定植】4～5月播种于露地苗床。播种适温在20～25℃。播种前要进行浸种催芽。宜选用阳光充足、地下水位高、排水良好、土质疏松肥沃的砂壤土地块作为苗床为好。播后略覆土，温度控制在20～25℃，10～15d可以出苗。待幼苗出齐后间一次苗，间苗后浇施1 000倍的尿素液，施完肥后要及时喷洒叶面，以防肥料灼伤幼苗。定植于6月进行，行距40cm，株距40cm。

【田间管理】生长期要少施氮肥，多施以磷、钾肥为主的肥料，如鸡粪便、花生麸等肥。施肥时要注意不能施得过多，同时每次施肥后要及时喷水，以防肥料灼伤叶片。当苗高长至10～12cm时可进行第一次摘心，即在主茎上留1～2个节，以后长出3对真叶时可摘第二次心，摘心目的是促使植株多分枝，有效控制植株高度和株型，使其生长矮壮。

【病虫害防治】 常见病害有叶斑病和猝倒病。叶斑病可通过增施磷钾肥和发病初期喷药进行防控。猝倒病可用50%的可湿性甲基硫菌灵或50%的多菌灵800～1 000倍液喷洒。常见的害虫为蚜虫，可用杀扑磷800倍液喷杀。

十九、紫菀 *Aster tataricus*

（时祥云　摄）

（时祥云　摄）

（一）品种特征

【生物学特性】 菊科紫菀属的多年生草本植物，又名青菀、紫倩、小辫、返魂草、山白菜。根状茎斜升，茎直立，高40～50cm，粗壮，基部有纤维状枯叶残片且常有不定根，有棱及沟，被疏粗毛，有疏生的叶。基部叶在花期枯落，长圆状或椭圆状匙形，下半部渐狭成长柄。下部叶匙状长圆形，常较小，下部渐狭或急狭成具宽翅的柄，渐尖；中部叶长圆形或长圆披针形，无柄，全缘或有浅齿，上部叶狭小；全部叶厚纸质，上面被短糙毛，下面被稍疏的但沿脉被较密的短粗毛。头状花序，径2.5～4.5cm，在茎和枝端排列成复伞房状；花序梗长，有线形苞叶。舌状花约20余个；管部长3mm，舌片蓝紫色，长15～17mm，宽2.5～3.5mm，有4至多脉；管状花长6～7mm且稍有毛，裂片长1.5mm。花期7～9月，果期8～10月。

【观赏特征】 紫菀开浅蓝色小花，开花不断，花期长，在北京地区正处于国庆节前后，区域种植很漂亮。

（二）景观应用

【适用范围】 五类景观类型大田、设施、坡地、林果、园区均适宜。

【应用类型】 主要适用于草坪边缘作地被植物，可作夏秋花园中的点缀，亦可作背景作物。

（三）栽培技术

【播种与定植】 紫菀用根状茎繁殖，北京地区只能春栽，约在4月上旬。栽前将选好的根状茎剪成6.7～10cm长的小段，每段带有芽眼2～3个，根状茎新鲜、芽眼明显的发芽力强，按行距33cm开6.7～8.3cm的浅沟，把剪好的根状茎按株距16.5cm平放于沟内，每撮摆放2～3根，盖土后轻轻镇压并浇水，每亩需用根状茎10～15kg，栽后2周左右出苗，苗未出齐前注意保墒保苗。

【田间管理】早春和初夏勤除草。夏季叶片长大封垄后只能拔草，不宜深锄。生长期间应经常保持土壤湿润，在苗期应适当灌水，但地面不能过于潮湿，以免影响根系生根。6月是叶片生长茂盛时期，应注意多灌水、勤松土、保持水分。7～8月间加强排水。9月雨季过后，灌排水根据生长发育期和地区不同而异。紫菀开花后影响根部生长，见有抽薹的应立即将薹剪下，勿用手扯，以免带动根部影响生长。

【病虫害防治】常有叶斑病、霜霉病和白粉病等危害。

二十、月见草 *Oenothera biennis*

（时祥云　摄）

（时祥云　摄）

（一）品种特征

【生物学特性】柳叶菜科月见草属多年生草本植物，又名待霄草、山芝麻、野芝麻，常作一二年生花卉栽培。一年生株高60～90cm，二年生株高100～140cm，茎直立或斜上，少分枝，具粗长毛。基生叶丛生呈莲座状，茎叶互生，下部叶片狭长披针形，上部叶片短小。单花腋生于枝的中上部，花径4～5cm，黄色，傍晚至夜间开放，有清香。花期6～10月。

【观赏特征】和昙花一样夜间开放，故名“夜来香”，香气宜人，适于点缀夜景。静谧的月光下，阵阵幽香令人神清气爽。月见草自播能力强，经一次种植，其自播苗即可每年自生，开花不绝。

（二）景观应用

【适用范围】较适宜的景观类型为设施、坡地、林果、园区。

【应用类型】配合其他绿化材料用于园林、庭院、花坛及路旁绿化。

(三) 栽培技术

【播种与定植】 直播或育苗移栽。直播种子要预先低温处理，然后播种，播量为 0.2g/m²，播后覆土约 0.5cm。北方春季 3～4 月播种育苗，播种时覆土要薄。种子播后土壤要保持湿润。10～15d 左右即可萌发出幼苗。长成莲座状幼苗时，可间苗定株或移植，株行距为 65cm×65cm。

【田间管理】 植株高达 30cm 时，植株周围培土，以防株高倒伏。移栽或定苗后，追施一次粪肥或尿素，促进苗期生长，初蕾时追第二次肥，以利开花、结实。

【病虫害防治】 腐烂病可用 1%石灰水、50%甲基硫菌灵1 500倍液或 75%百菌清1 000倍液浇灌防治。斑枯病应通过播种前用 50%多菌灵或 50%代森锰锌 500 倍液浸种、发病初期喷施 50%代森锰锌 500 倍液或 50%万霉灵 600 倍液等药剂进行防治。

二十一、千屈菜 *Lythrum salicaria*

（时祥云　摄）

（聂紫瑾　摄）

(一) 品种特征

【生物学特性】 千屈菜科千屈菜属的多年生草本植物，别名千蕨菜、对叶莲、对牙草、铁菱角。株高 30～120cm，全体具柔毛，有时无毛。茎直立，多分枝，有四棱。叶对生或 3 片轮生，披针形或阔披针形，长 4～6cm，宽 8～15mm，顶端钝形或短尖，基部圆形或心形，有时略抱茎，全缘，无柄。总状花序顶生；花两性，数朵簇生于叶状苞片腋内；花瓣为紫红色，长椭圆形，基部楔形。花期 7～8 月。

【观赏特征】 千屈菜姿态娟秀整齐，花色鲜丽醒目，可成片布置于湖岸河旁的浅水处。其花期长，色彩艳丽，片植具有很强的绚染力，盆植效果亦佳。

(二) 景观应用

【适用范围】 适宜园区、设施等景观中水域和岸线的点缀。

【应用类型】 可成片布置于湖岸河旁的浅水处。如在规则式石岸边种植，可遮挡单调枯燥的岸线。适用于花坛、花带栽植模纹块，小区、街路彩化，水域点缀，庭园绿化等。还可盆栽摆放庭院中观赏，亦可作切花用。

【搭配】适宜与荷花、睡莲等水生花卉搭配。

（三）栽培技术

【播种与定植】一般于4月播种，一周后即可萌发。扦插则于6月左右进行。

【田间管理】生长期间封垄前2～3次中耕除草，遇旱浇水。

【病虫害防治】病虫害主要为斑点病。在天气干旱、高温条件下，此病容易发生。

二十二、茑萝 *Quamoclit pennata*

（聂紫瑾　摄）

（时祥云　摄）

（一）品种特征

【生物学特性】旋花科茑萝属的一年生藤本花卉，别名羽叶茑萝、密萝松、游龙草、茑萝松、锦屏封。茑萝细长光滑的蔓生茎，长可达4～5m，柔软，极富攀援性，上着数朵五角星状小花，颜色深红鲜艳，除红色外，还有白色的。叶长2～10cm，宽1～6cm，单叶互生，叶的裂片细长如丝，羽状深裂至中脉，具10～18对线形至丝状的平展细裂片，裂片先端锐尖；叶柄长8～40mm，基部常具假托叶。花序腋生，由少数花组成聚伞花序；总花梗大多超过叶，长1.5～10cm，花直立，花柄较花萼长，长9～20mm，在结果时增厚成棒状。花冠高脚碟状，长2.5cm以上，深红色，无毛，管柔弱，上部稍膨大，冠檐开展，直径1.7～2cm，5浅裂。花期从7月上旬至9月下旬，每天早晨开放一批，午后即蔫。

【观赏特征】茑萝萝蔓叶纤细秀丽，花开时节其花形虽小，但星星点点散布在绿叶丛中，活泼动人。

（二）景观应用

【适用范围】比较适宜的景观类型为大田、设施、园区。

【应用类型】适合镶边、廊架，是花架、花篱的优良植物，也可盆栽陈设于室内。

（三）栽培技术

【播种与定植】 4 月初播种，一周后可发芽。苗生 3～4 片叶时定植，苗太大时移植不容易成活。

【田间管理】 茑萝幼苗非常怕旱，当干旱稍重时就会枯死，定植时，一定要浇透水，以后每周只需浇 1 次水。花期从 7 月上旬至 9 月下旬，每天开放一批，晨开午后即蔫。花谢后应及时摘去残花，不让它结籽，使养分集中供给新枝开花，延长花期。

【病虫害防治】 一般没有病虫害。

二十三、香雪球 *Lobularia maritima*

（时祥云　摄）　　（时祥云　摄）

（一）品种特征

【生物学特性】 十字花科香雪球属的多年生草本植物，别名庭芥、小白花、玉蝶球。高10～40cm，全株被“丁”字毛，毛带银灰色。茎自基部向上分枝，常呈密丛。叶条形或披针形，长 1.5～5cm，宽 1.5～5mm，两端渐窄，全缘。花序伞房状，花瓣淡紫色或白色，长圆形，长约 3mm，顶端钝圆，基部突然变窄成爪。短角果椭圆形，长 3～3.5mm，无毛或在上半部有稀疏“丁”字毛；果瓣扁压而稍膨胀，中脉清楚；胎座框常为淡紫色，隔膜白色，半透明，无脉；果梗长 7～15mm，斜上升或近水平展开，末端上翘。花期温室栽培的 3～4 月，露地栽培的 6～7 月。

【观赏特征】 香雪球株矮而多分枝，花开一片白色，并散发阵阵清香，引来大量蜜蜂，是布置岩石园的优良花卉，也是花坛、花境的优良镶边材料，盆栽观赏也很好。香雪球匍匐生长，幽香宜人，亦宜于岩石园墙缘栽种，也可盆栽和作地被等。

（二）景观应用

【适用范围】 主要适宜的景观类型为设施、坡地、园区。

【应用类型】 应用于区域、镶边种植。

【搭配】 根据景观需求因时因地选定搭配作物种类。

（三）栽培技术

【播种与定植】前期播种育苗或扦插繁殖。播种宜秋播，出苗快而整齐。发芽适温为20℃，将种子撒播于疏松的砂质壤土上，稍加镇压，浇水保持湿度，5～10d 出苗，3～4片真叶时定植上盆。次年 5 月，田间定植，行距 40cm，株距 45cm。底肥最好为腐熟堆肥或磷、钾肥。

【田间管理】在开花之前一般进行两次摘心，以促使萌发更多的开花枝条。定植1～2周后，或者当苗高 6～10cm 并有 6 片以上的叶片后进行第一次摘心；在第一次摘心 3～5周后，或当侧枝长到 6～8cm 长时进行第二次摘心。炎夏前进行重剪，放凉爽处越夏，则秋后开花更盛。一般开花后，花序下部已显光秃，可结合采种将花序自茎剪除，使再生新花穗，剪下的部分稍行晾干，将种子抖落收藏。如感到植株老衰，亦可重剪更新，稍施液肥，不久又可花满枝头。香雪球花期长，应适时施肥和浇水，每半月施稀薄的液肥一次。注意中耕除草和病虫防治。

【病虫害防治】每 10～15d 喷一次 2 000 倍敌杀死或 1 000 倍敌敌畏防虫。每 7～10d喷一次 700 倍的多菌灵或百菌清杀菌。

二十四、大花藿香蓟 *Ageratum houstonianum*

（时祥云　摄）

（时祥云　摄）

（一）品种特征

【生物学特性】菊科多年生低矮草本植物，也作一年生栽培，别称心叶藿香蓟、熊耳草、何氏胜红蓟。株高 15～25cm，植株丛生而紧密，上部多分枝。叶卵圆形，基部心形，表面有褶皱。头状花序，聚伞状着生于枝顶，花序较大；花色有蓝、浅蓝、雪青、粉红和白，还有斑叶变种。花期 7 月至霜降。

【观赏特征】大花藿香蓟株型紧凑、敦实，花色艳丽，观赏效果较好。

（二）景观应用

【适用范围】主要适宜的景观类型为大田、设施、坡地、林果、园区。

【应用类型】株丛有良好的覆盖效果，是夏秋常用的观花植物，是优良的花坛花卉，也可丛植、片植于林缘和草地边缘，点缀于岩石园或盆栽。用作花坛、地被、窗台花池、花境、盆栽、吊篮、切花等。

（三）栽培技术

【播种与定植】3～4 月播种、扦插繁殖。分苗后于 5～6 月进行定植，播前施入腐熟的有机肥，定植密度为行距 40cm，株距 40cm。

【中期管理】定植后 2～3 周进行中耕除草，遇旱浇水，遇涝排水。

【病虫害防治】目前田间很少有病虫害。

二十五、福禄考 *Phlox drummondii*

（时祥云　摄）

（郝洪才　摄）

（一）品种特征

【生物学特性】多年生宿根草本植物，别名福禄花、福乐花、五色梅、草夹竹桃、桔梗石竹、洋梅花、小洋花、小天蓝绣球。株高 15～50cm，茎直立，多分枝，有腺毛。叶互生，基部叶对生，宽卵形、矩圆形或被针形，长 2～7.5cm，顶端急尖或突尖，基部渐狭或稍抱茎，全缘，上面有柔毛，叶无柄，聚伞花序顶生，有短柔毛；苞片和小苞片条形；花萼筒状，裂片条形，外面有柔毛；花冠高脚碟状，直径 2～2.5cm，裂片，圆形，雄蕊不伸出，花期 6～8 月。

【观赏特征】福禄考植株矮小，花色丰富，着花繁密，且花期较长，因此可用于布置花坛，或盆栽观赏，也可用作切花。

（二）景观应用

【适用范围】主要适宜的景观类型为大田、设施、坡地、园区。

【应用类型】应用于区域、镶边种植。

（三）栽培技术

【播种与定植】若秋季播种，幼苗经 1 次移植后，至 10 月上、中旬可移栽冷床越冬，早春再移至地畦。若春播，于2～3月进行，4月中旬可定植，株行距为20cm×30cm，盆栽每盆宜栽3～4株。

【田间管理】定植后1个月开始追肥，少量施复合肥，农家肥更佳。栽培期间需勤中耕除草，并施1～2次肥，注意灌溉。

【病虫害防治】主要病害有褐斑病、疫病、细菌性斑点病、白斑病和叶枯病，防治时需注意降低湿度、通风透光，并及时喷施化学药剂。

二十六、八宝景天 *Hylotelephium erythrostictum*

（时祥云　摄）

（时祥云　摄）

（一）品种特征

【生物学特性】别称华丽景天、长药景天、大叶景天、景天，属景天科景天属多年生肉质草本植物。株高30～50cm，地上茎簇生，粗壮而直立，全株略被白粉，呈灰绿色。叶轮生或对生，倒卵形，肉质，具波状齿。伞房花序密集如平头状，花序径10～13cm，花色粉红至玫瑰红色，花序紧凑。常见栽培的有白色、紫红色、玫红色品种，几乎是景天中花色最为艳丽的种类。花期7～10月。

【观赏特征】八宝景天植株整齐，生长健壮，株型紧凑，开花时群体效果极佳，可填补夏季花卉在秋季凋萎，失去观赏价值的空缺。

（二）景观应用

【适用范围】大田、设施、坡地、林果、园区景观类型均适合。

【应用类型】可区域种植用作地被植物，可以做圆圈、方块、云卷、弧形、扇面等造型。

（三）栽培技术

【播种与定植】可通过分株或扦插进行繁殖。分株繁殖除冬季外均可进行，扦插繁殖在4～9月进行。选择砂壤土，地力中等，排水良好的地块。深翻30cm将土块打碎耙平，定植前需整地并施足基肥，深耕细耙，使肥土充分拌匀。高床种植按30cm×30cm的株行距栽植。栽后踏实，浇透水，1周后即可长出新叶。

【田间管理】定植后适时浇水，前10d是根系的恢复期，应加强水分管理，10d后根系恢复生长，浇水遵循“见干见湿”的原则。夏季每10～15d灌溉1次，可依土壤墒情进行灌溉，保证植株成活。定期松土及锄草，1个月后追施浓度为0.1%～0.2%液肥1次。整个生长季节采取粗放管理模式。当植株有7对叶时即可摘心，以促进分枝，可进行1～2次。开花期加强水肥管理，适当追肥1～2次，可使花开繁茂。花后及时剪去残花，适当修剪，加强管理。

【病虫害防治】病虫害很少发生，不需要防治。

二十七、德国景天 *Sedum hybridum*

（时祥云　摄）

（杨林　摄）

（一）品种特征

【生物学特性】景天科景天属植物，多年生肉质宿根草本。株高30～50cm。地下茎肥厚，地上茎簇生，粗壮而直立，全株略被白粉，呈灰绿色。叶轮生或对生，倒卵形，肉质，具波状齿，无柄，鲜绿色有光泽。伞房花序密集如平头状，花序径10～13cm，上密生鲜艳夺目的五角星状小花。花淡黄色，常见栽培的有白色、紫红色、玫红色品种。花期7～10月。

【观赏特征】可填补夏季花卉在秋季凋萎，失去观赏价值的空缺，冬季仍然有观赏效果。

（二）景观应用

【适用范围】适用于大田、设施、坡地、林果、园区等景观应用。

【应用类型】用作区域和镶边种植。

（三）栽培技术

【播种与定植】德国景天可用扦插繁殖和分株繁殖。扦插可在4～9月进行，分株繁殖除冬季外均可进行。选择砂壤土，地力中等，排水良好的地块。深翻30cm将土块打碎耙平，定植前需整地并施足基肥，深耕细耙，使肥土充分拌匀。高床种植按20cm×15cm的株行距分别栽植。栽后踏实，浇透水，1周后即可长出新叶。

【田间管理】定植后适时浇水，前10d是根系的恢复期，应加强水分管理，10d后根系恢复生长，浇水遵循“见干见湿”的原则。夏季每10～15d灌溉1次，可依土壤墒情进行灌溉，保证植株成活。定期松土及锄草，1个月后追施浓度为0.1%～0.2%液肥1次。整个生长季节采取粗放管理模式。当植株有7对叶时即可摘心，以促进分枝，可进行1～2次。开花期加强水肥管理，适当追肥1～2次，可使花开繁茂。花后及时剪去残花，适当修剪，加强管理。

【病虫害防治】 德国景天土壤过湿时易发生根腐病，应及时排水或用药剂防治。此外，有蚜虫为害茎、叶，并导致煤烟病；蚧虫为害叶片，形成白色蜡粉。对于害虫，应及时检查，一经发现立即刮除或用肥皂水冲洗，严重时可用氧化乐果乳剂防治。

二十八、百日草 *Zinnia elegans*

（聂紫瑾　摄）

（聂紫瑾　摄）

（一）品种特征

【生物学特性】 又名步步高、对叶梅、五色梅，为菊科百日草属的一年生草本花卉。百日草经长期人工杂交和选育，栽培品种较为繁多，大体上可分为大花高茎型、中花中茎型和小花丛生型三类。大花高茎型株高90～120cm，分枝少，顶生花序直径可达12～15cm。中花中茎型株高50～60cm，分枝较多，花序直径为6～8cm，顶部略平展，整个花序近似扁球形。小花丛生型株高40cm，分枝多，每株着花的数量也多，但花序直径小，仅有3～5cm，舌状花平展而不翻卷，花序外观似球形。20世纪70年代培育出的矮性系新类型百日草枝平展，呈半圆形，花径7～8cm，株高在30cm以下。最矮的迷你型株高仅有20cm，花径约有4cm。百日草花色有白、黄、红、粉、紫、绿、橙等，花期在6～10月。

【观赏特征】 百日草色彩鲜艳，花期长，是园林中重要的夏季花卉。

（二）景观应用

【适用范围】 适用于大田、设施、坡地、林果、园区景观应用。

【应用类型】 用作区域和镶边种植。

（三）栽培技术

【播种与定植】 为了提早百日草的花期，可在3月末至4月初点播于温室或温床，种子萌发时温度控制在10℃以上，4～5d可萌发，7d出苗。百日草侧根少，移植后恢复慢，应于小苗时定植，株行距40cm左右。百日草也可在4月末地温回升在10℃以上时，穴播于露地，7～10d出苗。出苗后及时间苗2～3次，保证其幼苗茁壮成长。

【田间管理】 定植成活后，在养苗期施肥不必太勤，一般每月施一次液肥。接近开花期可多追肥，每隔5～7d施一次液肥，直至花盛开。当苗高达10cm时，留2对叶片，拦头摘心，促其萌发侧枝。当侧枝长到2～3对叶片时，留2对叶片，第二次摘心。这样做能使株形蓬大、开花繁多。春播后经过70d即可开花。百日菊为枝顶开花，当花残败时，要及时从花茎基部留下2对叶片剪去残花，以在切口的叶腋处诱生新的枝梢。修剪后要勤浇水，并且追肥2～3次，可以将开花日期延长到霜降之前。雨季前成熟的第一批种子品质较好，应及时采收留种。

【病虫害防治】 主要防治猝倒病、白星病、褐斑病、白粉病和地老虎。

二十九、地被石竹 *Dianthus plumarius*

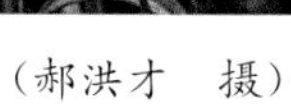

（郝洪才　摄）

（李琳　摄）

（一）品种特征

【生物学特性】 别称羽裂石竹、常夏石竹，是石竹科石竹属多年生草本植物。株高25～40cm，茎簇生、直立，叶对生，互抱茎节部，条状或条状宽披针形，深绿色，光滑稍具白粉。伞状花序顶生，花茎2～3cm，花瓣5枚，花色多样，有深红、深粉、白、复色等。花期5～10月。

【观赏特征】 地被石竹四季常绿，三季有花，被业内人士称为“草中之王，绿中之宝”。开花前其整体观感如早熟禾类草坪，花开时铺天盖地，清香四溢，盛花期花朵覆盖地面，使草坪变为一片花的海洋，十分壮观。

（二）景观应用

【适用范围】 适用于大田、坡地、林果地、园区等景观应用。

【应用类型】 用作区域或镶边种植。

（三）栽培技术

【播种与定植】当地温稳定在8℃以上、25℃以下时可进行扦插繁育，亦可直播。定植前先整地，结合深翻，加施有机肥，每亩2 000kg左右。对于黏重的土壤或pH值过高的地块，应进行土壤改良，把pH值调整到6.5～7.5方可栽植。根据苗子大小、密度掌握在每平方米12～18株为宜，可根据成坪的时间要求而定。一般如要求2个月成坪，每平方米可栽植16墩；如要求3个月成坪，每平方米可栽植9墩。最佳栽植时间为3月上旬至5月中旬和9月中旬至11月上旬。春季栽植最好用小苗，秋季可用大苗分株栽植。

【田间管理】为防止日后杂草，可在栽植前20d喷洒化学除草剂，每亩使用150～200ml。应根据土壤墒情而定，一般情况每年必须浇3次水，分别为返青水、花期水和封冻水。一般追肥要与浇水结合进行，浇水前先撒施一遍多元颗粒复合肥，每亩10～15kg，然后再浇水。一般情况下，地被石竹每年修剪2～3次以控制花期。地被石竹从春至秋一直花开不断，严格地讲，每次花开后都要修剪。

【病虫害防治】春季地被石竹易受蚜虫、地老虎、青虫等危害。夏季高温多雨，要注意防治枯萎病和锈病。

三十、鸡冠花 *Celosia cristata*

（时祥云　摄）

（时祥云　摄）

（一）品种特征

【生物学特性】别名鸡髻花、老来红、芦花鸡冠、笔鸡冠、大头鸡冠、凤尾鸡冠、鸡公花、鸡角根、红鸡冠，为苋科青葙属的一年生草本植物。株高40～100cm，茎直立粗壮，叶互生，长卵形或卵状披针形，肉穗状花序顶生，多扁平而肥厚，呈扇形、肾形、扁球形等，长8～25cm，宽5～20cm，最大直径40cm。花有白、淡黄、金黄、淡红、火红、紫红、棕红、橙红等色。自然花期为夏、秋至霜降。园艺变种、变型很多，有早花种、晚花种；有矮生型、中生型、高生型；有红色系、黄色系和双色系等。

【观赏特征】鸡冠花植株整齐不分枝，花径25cm，花冠扁圆球型，花径刚直。长日照条件下60～70d可开花，耐热性强，亦耐旱，是夏季不可缺少的优秀品种。

（二）景观应用

【适用范围】适用于大田、设施、坡地、林果、园区等景观应用。
【应用类型】应用于区域和镶边种植。

（三）栽培技术

【播种与定植】清明时选好地块，施足基肥。鸡冠花茎直立粗壮，肥水需要量较大，栽时需施入一些草木灰或过磷酸钙作基肥，耕细耙匀，整平作畦，按行距 30cm 播种，一般在气温 15～20℃时，10～15d 可出苗。苗高 6cm 时，按株距 20cm 间苗，间下的苗可移栽其他田块，移栽后一定要浇水。

【田间管理】幼苗期一定要除草松土，不太干旱时尽量少浇水。苗高 30cm 要施追肥 1 次。封垄后适当打去老叶。开花抽穗时，如果天气干旱要适当浇水，雨季低洼处严防积水。抽穗后可将下部叶腋间的花芽抹除，以利养分集中于顶部主穗生长。等到鸡冠形成后，每隔 10d 施 1 次稀薄的复合液肥，共施 2～3 次。

【病虫害防治】主要防治黄褐斑病、根茎腐烂和蚜虫。

三十一、马蔺 *Iris lactea*

（时祥云　摄）

（时祥云　摄）

（一）品种特征

【生物学特性】别称马莲、马兰、马兰花、旱蒲、蠡实、荔草、剧草、豕首、三坚、马韭，为鸢尾科鸢尾属多年生草本宿根植物。株高 10～60cm，密纵生，根状茎粗短，须根细长而坚韧；叶基生，多数坚韧，狭线形，长 50～60cm，宽 0.4～0.6cm，无明显主脉，灰绿色，渐尖，两面具突起的平形脉，基部是纤维状老叶鞘，叶下部带紫色，质地较硬；花葶直立光滑，与叶近等高，花常单生苞片 3～5 枚，革质，内含花 2～4 朵；花蓝紫色或天蓝色，花期 5～6 月，花期长 50d。

【观赏特征】马蔺在南方为常绿，在北方地区一般 3 月底返青，4 月中旬开化，5 月中旬至 5 月底进入盛花期，6 月中旬终花。11 月上旬叶枯黄，绿叶期长达 280d 以上，且紫蓝色的花，色泽青绿，花淡雅美丽，花密清香，花期长达 50d 以上。而且叶片翠绿柔软，可形成美丽的园林景观。

（二）景观应用

【适用范围】适用于大田、坡地、园区、林果景观应用。
【应用类型】应用于区域或镶边种植。

（三）栽培技术

【播种与定植】马蔺既可种子繁殖，又可分株繁殖。播种繁殖在春季、夏季和秋季均可进行。春天在土壤解冻后进行，夏天在 7 月以前，播种量一般每亩 5～10kg，播种前先对种子进行浸种，在适宜的土壤水分、温度条件下播种约 25d 开始发芽出苗。秋播在 11 月大地封冻以前进行，种子一般不浸种催芽。播种方法是用刃面宽 5cm 的开沟器或镢头开沟，行距 20cm，深度为 3～4cm，人工将种子均匀地撒入沟内，耘磨平整，覆土 2～3cm。分株育苗在春季花后，夏季、秋季均可进行栽植，分株成活率较高，在 90%以上，一般每隔 2～4 年进行一次。株行距常采用 40cm×40cm 栽植。栽前施足基肥，栽后及时浇水。生长期一般不追肥，1～2 年便可成坪。

【田间管理】马蔺管理粗放，在降水量 400mm 以下的地区每年灌水 2～3 次。根据需要每年修剪 1～2 次，极少生长杂草，不需喷施农药，只要撒些草木灰，即可达到防治病虫害之目的。植被一旦形成即不必进行后期维护。

【病虫害防治】马蔺具有极强的抗病虫害能力，一般没有病虫害。

三十二、银边翠 *Euphorbia marginata*

（聂紫瑾　摄）

（聂紫瑾　摄）

（一）品种特征

【生物学特性】别名高山积雪、象牙白，为大戟科大戟属的一年生草本植物。茎单一，自基部向上极多分枝，高可达 60～80cm。叶卵形、长卵形或椭圆状披针形，全缘，顶部叶轮生或对生，边缘呈白色或全叶白色；下部叶互生，绿色。花小具白色瓣状附属物，着生于上部分枝的叶腋处。花期 7～8 月，果熟期 8～10 月。

【观赏特征】 入夏后枝梢的叶片边缘或大部变为白色，与下部绿叶相映，犹如青山积雪，是一种很受人们喜爱的观叶植物。

（二）景观应用

【适用范围】 适应于大田、设施、园区景观。

【应用类型】 应用于区域或镶边种植。

（三）栽培技术

【播种与定植】 常用播种繁殖，一般为露地直播，播后 7～10d 发芽，发芽整齐。种子有自播繁衍能力，4～6 月均可播种。按株距 40cm 对幼苗进行 2～3 次间苗。

【田间管理】 生长期每半月施肥 1 次，促使枝叶繁茂。在开花之前一般进行两次摘心，以促使萌发更多的开花枝条，当苗高 6～10cm 并有 6 片以上的叶片后，把顶梢摘掉，保留下部的 3～4 片叶，促使分枝。在第一次摘心 3～5 周后，或当侧枝长到 6～8cm 长时，进行第二次摘心，即把侧枝的顶梢摘掉，保留侧枝下面的 4 片叶。进行两次摘心后，株型会更加理想，开花数量也多。

【病虫害防治】 银边翠生长健壮，几乎无病虫为害。

第五章 景观蔬菜作物

CHAPTERS

一、黄瓜 Cucumis sativus

（一）品种特征

【生物学特性】一年生蔓生或攀缘草本植物，葫芦科黄瓜属。茎、枝伸长，有棱沟，被白色的糙硬毛。叶柄稍粗糙，长10～16（～20）cm；叶片宽卵状心形，膜质，长、宽均7～20cm，3～5个角或浅裂。雄花常数朵在叶腋簇生；花萼筒狭钟状或近圆筒状，长8～10mm；花冠黄白色，长约2cm。雌花单生或稀簇生；花梗粗壮，被柔毛，长1～2cm；子房纺锤形，粗糙，有小刺状突起。果实长圆形或圆柱形，长10～30（～50）cm，熟时黄绿色，表面粗糙，有具刺尖的瘤状突起，极稀近于平滑。黄瓜花果期为夏季，食用部分为幼嫩子房。常见品种有北京203、北京204、中农12、中农16、中农26、中农27、京都082等。

（曹玲玲 摄）

【观赏特征】果实颜色呈油绿或翠绿。鲜嫩的黄瓜顶花带刺，瓜身也有些棘手的白刺，诱人入食。果肉脆甜多汁，具有清香口味。

（二）景观应用

【适用范围】观赏品种多用于园区景观、设施景观的营造。

【应用类型】适宜温室、大棚中的廊架栽培或吊蔓栽培，用于采摘。部分观赏品种可于花园地栽或者盆栽。

（三）栽培技术

【播种与定植】北京地区春大棚2月底至3月初育苗，采用营养块、营养钵或穴盘育苗。亩施优质有机肥6～8m^3，另加45%三元复合肥50kg。3月底至4月初定植，采用小高畦栽培，亩密度水果型黄瓜3000株，普通黄瓜3 500株。秋大棚黄瓜种植应选择比较耐热、生长势强、抗病、高产的黄瓜品种，7月下旬直播。

【田间管理】结瓜盛期5d一水，隔次施肥，亩施尿素7～9kg、磷酸二铵4～5kg、氯化钾5～6kg；后期3～5d一水，隔次施磷酸二铵4～5kg、氯化钾6kg，拉秧前10d停止施肥。进入盛瓜期棚内温度严格控制在昼/夜：28～30℃/14～16℃。及时落秧盘蔓整枝，及时摘除卷须、病叶、黄叶。根瓜要及时采摘以免赘秧。秋大棚种植要在9月中旬以前打开底角（或腰风）、顶风口昼夜通风，9月下旬气温降到13℃关闭风口，10月上旬开小缝放风，中午高于30℃时放大风1h。

【病虫害防治】重点防治枯萎病、白粉病、霜霉病和蚜虫、白粉虱。

二、迷你黄瓜 *Cucumis sativus*

（郑禾　摄）

（郑禾　摄）

（一）品种特征

【生物学特性】一年生蔓生或攀缘草本植物，葫芦科黄瓜属。又称无刺黄瓜、水果黄瓜，瓜长12～15cm，直径约3cm。一般表皮上没有刺，而且口味甘甜，主要用来生食，是介于华北型黄瓜和华南型黄瓜的中间型品种。少刺瘤，棒型直且短。常见品种有白精灵2号、翠玉迷你、戴安娜、京研迷你2号、绿精灵2号、迷你4号、迷你5号等。

【观赏特征】果肉厚、皮薄、籽少、味清香，因口感好、味道美、品质优，深受消费者的喜爱，市场的需求量逐年扩大。

（二）景观应用

【适用范围】观赏品种多用于园区景观的营造。

【应用类型】适于春日光温室、春大棚中进行吊蔓栽培，用于采摘。

（三）栽培技术

【播种与定植】春日光温室一般1月上、中旬播种，2月中、下旬定植。春大棚一般2

月中、下旬播种，3 月中、下旬定植。秋大棚一般 7 月 15 日直播，5d 可以出苗；秋季日光温室一般 7 月中、下旬播种，8 月上、中旬定植。定植标准为 2～4 片真叶，苗龄 25d 左右。定植前要精细整地，大量施用有机肥，一般亩施腐熟禽畜粪肥 5 000kg 以上，再补施些复合肥。定植密度每亩为 2 500 株。定植后立即浇稳苗水，使幼苗土地与畦土密切结合，利于根系向周围发展。

【田间管理】定植后要注意去除砧木上滋生出的侧枝及植株侧枝，一般是进行单蔓整枝，侧蔓摘除。缓苗后去除嫁接夹。迷你黄瓜的雌性强，产生雌花节位低，一般前五节所产生的雌花均应疏掉，自第六节起开始留瓜，以保证产量。当幼苗长到 25cm 以上时，应及时引蔓吊蔓，一般采用银灰色塑料吊绳进行吊蔓。中部每节可以留 1～2 个瓜，疏掉多余的雄花，一般情况每节最多留 2 个瓜，多余瓜应及时去除。在迷你黄瓜生长的中后期，下部叶片开始老化，失去光合能力，应及时去除老叶、病叶，以改善通风透光，减少病虫害的发生。总的来说，其植株调整方法与普通黄瓜基本相同。

【病虫害防治】迷你黄瓜的病虫害与普通黄瓜基本相同，防治方法也相同。在生产中发生较严重的病虫害主要是枯萎病、白粉病、霜霉病和蚜虫、白粉虱。由于迷你黄瓜主要是生食，进行病虫害防治应以综合防治、预防为主，在坐瓜期要尽量少打药、不打药。

三、番茄 *Lycopersicon esculentum*

（任荣　摄）

（任荣　摄）

（任荣　摄）

（一）品种特征

【生物学特性】茄科茄属的食用果蔬，别名番柿、六月柿、西红柿、洋柿子、毛秀才、爱情果、情人果。茎易倒伏。叶羽状复叶或羽状深裂，小叶大小不等，卵形或矩圆形，边缘有不规则锯齿或裂片；花冠辐状，黄色；浆果扁球状或近球状，肉质而多汁液，橘黄色或鲜红色，光滑。花果期为夏秋季。

【观赏特征】番茄品种极多，按果的形状可分为圆形的、扁圆形的、长圆形的、尖圆形的；按果皮的颜色分，有大红的、粉红的、橙红的和黄色的。番茄色彩娇艳，成串结果，可观赏、可采摘。

（二）景观应用

【适用范围】观赏品种多用于园区景观的营造。

【应用类型】适用于景观蔬菜作物，作为主要作物和廊架，适宜和花卉搭配。

（三）栽培技术

【播种与定植】底肥亩施农家肥 $10m^3$ 或商品有机肥 4 000kg 左右、磷酸二铵 20kg、尿素 10kg 或复合肥 50kg。春茬温室 12 月上旬播种，2 月上旬定植；秋茬温室 6 月中旬播种，7 月中旬定植；春大棚播种期 1 月 10～25 日，3 月中、下旬定植；秋大棚播种期 6 月 10～25 日，7 月上旬定植。株距 40～45cm，行距 70cm，亩定植为 2 000～2 500株。

【田间管理】缓苗后及时浇一次缓苗水，但是需要小水，水量不宜过大，否则春季浇水量过大会降低土壤温度，影响缓苗进度。开花至坐果过程中不要浇水，否则会造成落花落果。第一穗果实坐住（番茄达到核桃大小时）及时浇水追肥，追施钾肥 10～15kg 和尿素 7～10kg 或果类菜专用冲施肥 10～15kg，以后每穗果实需要追肥一次，肥量与第一穗果实相同。浇水时间，春季一般在 15d 左右，夏季一般在 10d 左右。及时整枝，打掉植株多余的枝杈，第一穗果实定型以后，及时打掉下部叶片，加强通风透光的管理，促进果实及早转色。

【病虫害防治】番茄易发生晚疫病、早疫病、病毒病、灰霉病。害虫有蚜虫、白粉虱、潜叶蝇。

（四）推荐品种

1. 黑珍珠　黑樱桃番茄属于无限生长型，正圆形，紫黑色，单果平均重量为 16～20g，产量高，口感好，营养价值非常高，番茄味道特浓。其独特的外形，诱人的颜色和美味的口感，是黑番茄系列当中的珍品。该品种植株生长迅速，种苗种下 70d 后果实可成熟，可连续采摘 3 个月。

2. 绿宝石　无限生长类型，生长势强、中熟，总状和复总状花序，圆形果，成熟果晶莹透绿似宝石。平均单果重 25g 左右，果味酸甜浓郁，口感好，品味佳，适合都市观光采摘和保护地特菜生产。70d 后果实可成熟，可连续采摘 3 个月。耐番茄黄化曲叶病毒病，高抗病毒病和叶霉病。

黑珍珠　（任荣　摄）

绿宝石（任荣　摄）

3. 粉娘　一代杂交种，无限生长，中早熟。果实圆形，粉红色，口感品质好，单果重 15～30g。抗根结线虫和叶霉病，低温弱光下结果性良好，节间较长。

4. 红贝贝　果实红色、光泽好、特别鲜亮；单果重 12～15g，完熟果实可溶性固形物含量为 7.3%。硬度好、耐贮运，口感甜脆、品质优良。

5. 绿宝石 2 号　抗病性强，无限生长，中熟，主茎 8 片叶左右着生第一花序，总状和复总状花序，果长椭圆形带尖，幼果显绿果肩，成熟果晶莹剔透似宝石。单果重 15～20g，口感好、品质上乘，是保护地特色番茄生产中的珍品。

6. 仙客 5 号　抗根结线虫，无限生长，中熟，未成熟果有绿果肩，成熟果粉红色，果肉硬、果皮韧性较好，平均单果重 200g 左右，大果可达 500g。同时具有对枯萎病、番茄花叶病毒病和叶霉病的复合抗性，适合设施保护地栽培。在根结线虫严重发生和棚室抗病性差的地区增产效果更为突出。

粉　娘　（杜佳旺　摄）

红贝贝　（杨莉莉　摄）

绿宝石 2 号　（王鹏　摄）

仙客 5 号　（杨莉莉　摄）

7. 仙客6号 抗根结线虫，无限生长，中早熟，未成熟果浅绿色、无绿肩，成熟果粉红色，果肉硬、果皮韧性较好，平均单果重200g左右，大果可达300～400g。同时具有对枯萎病、番茄花叶病毒病和叶霉病的复合抗性，适合设施保护地栽培。在根结线虫严重发生的地区和棚室表现更为突出。

8. 硬粉8号 叶色浓绿，抗早衰，中熟显早，果形圆正，未成熟果显绿果肩，成熟果粉红色，单果200～300g，大果可达300～500g，果肉硬、果皮韧性好，耐裂果、耐运输。商品果率高，坐果习性好，空穗、瞎花少，叶色浓绿，植株不易早衰。花芽分化期不要低于12℃，可采取控制水分来抑制营养生长，注重施用富钾肥。适合春秋大棚、春露地、麦茬露地栽培。

仙客6号 （杨莉莉 摄）

硬粉8号（杨莉莉 摄）

9. 浙粉702 早熟，无限生长类型，长势较强，叶色浓绿，叶片肥厚；第一花序节位6～7叶，花序间隔3叶，连续坐果能力强；果实高圆形，幼果淡绿色、无青肩，果面光滑，无棱沟；果洼小，果脐平，花痕小；成熟果粉红色，色泽鲜亮，着色一致；平均单果重250g左右（每穗留3～4果）；果皮、果肉厚，畸形果少，果实硬度好，耐贮运，商品性好，品质佳，宜生食。

10. 小黄玉 植株为无限生长类型，主茎7～8片叶着生第一花序，中熟。果实高圆形和椭圆形，单果重20～25g，幼果显绿色果肩，成熟果颜色嫩黄诱人，口感风味好，果皮韧，耐裂果。

浙粉702 （杨莉莉 摄）

小黄玉 （任荣 摄）

四、茄子 *Solanum melongena*

（一）品种特征

【生物学特性】茄科茄属的一年生草本植物。其根系发达，茎木质化，茎和叶柄颜色与果实颜色有相关性。紫色茄，茎及叶柄为紫色；绿色茄和白色茄，茎及叶柄为绿色。花为两性花，一般单生，喜高温，对光照要求严格，对土壤的适应性广，pH 值为 6.8～7.3 都可种植。

（二）景观应用

【适用范围】适于园区和大田景观的营造。

【应用类型】茄子可以作为都市休闲农业中的观光采摘蔬菜种植。节假日在设施内可供游客采摘，并可以生食；由于茄子的生长周期长，抵御高温能力强，每年的 5～10 月适合种植在露地，如园区道路两侧作为景观栽培，即可观景，也可供游人采摘食用。

（三）栽培技术

【播种与定植】秋冬茬日光温室通常为 6 月下旬播种，8 月上旬定植，国庆节前采收；春大棚一般 1 月中旬播种，3 月上旬定植，5 月 10 日左右开始采收；秋大棚一般于 5 月下旬播种，6 月下旬定植，8 中旬开始采收。茄子每亩用种量在 30～50g 之间，定植密度每亩一般在 1 800 株左右。

【田间管理】定植前 15d 左右要施足底肥，一般亩施腐熟的猪粪或鸡粪 $10m^3$ 左右或商品有机肥 3～4t、复合肥或复混肥 50kg，深翻 30cm，将肥料和土壤搅匀。门茄开始膨大后，穴施或随水冲施每亩追施复合肥 15～20kg 和硫酸钾 5～10kg。以后每层果实开始膨大时，都随水追施一次肥料。根据土壤墒情适期浇水，一般原则是土壤“见干见湿”。在每穗果实开花期不要浇水，膨大期浇水。采取双秆整枝、主秆留果的方法调整植株。植株70～80cm 时及时吊蔓。对茄以上主干每对茄子下留一个侧枝，侧枝上留一个茄子，留一片叶掐尖，离侧枝茄子最近的腋芽打掉；离主干最近的腋芽留 2 片叶掐尖，留着接回头茄子。保花一般采用 2，4-D 和赤霉素点花。

【病虫害防治】茄子常见的病虫害有灰霉病、褐斑病、早疫病、晚疫病、蚜虫、白粉虱等，在茄子的生长过程中要及时防治。

（四）推荐品种

京茄 6 号　（杨莉莉　摄）

1. 京茄 6 号　早熟、丰产，抗病圆茄一代杂种，始花节位 7～8 片叶，较耐低温弱光。植株生长势较强，叶色深紫绿，株型半开张，连续结果性好，平均单株结果数 8～10 个，单果重600～800g。果实为扁圆形，果皮紫黑发亮，商品性状极佳。果肉浅绿白色，肉质致密细嫩，品质佳。该品种易坐果，低温下果实发育速度较快，畸形果少，适合保护地生产。

2. 京茄 1 号 长势强，植株直立，株形紧凑。始花节位 7～8 片叶，花蕾大，果实发育速度快，连续结果性好，平均单株结果数 8～10 个。果实近圆球形，紫黑发亮，商品性状极佳。果肉浅绿白色，味甜，质地细嫩，风味好。该品种耐低温弱光，且畸形果少，亩产 4 500kg。

3. 京茄 5 号 早熟、高产，圆茄一代杂种。始花节位 7 片叶左右。果实扁圆形，果色紫黑发亮，果肉青绿色，商品性状极佳。品种耐低温弱光，易坐果，果实发育速度快，畸形果少，前期产量集中，单果重 500～800g。特别适合保护地生产，同时也适宜早春露地小拱棚覆盖栽培。

京茄 1 号 （杨莉莉 摄）

京茄 5 号 （杨莉莉 摄）

五、彩椒 *Capsicum annuum*

（韩立红 摄）

（张宝杰 摄）

（一）品种特征

【生物学特性】又称七彩大椒，属茄科辣椒属，原产于中南美洲的墨西哥等地，在20世纪90年代中后期从荷兰、以色列、美国等国家引入我国。它作为甜椒家族中一个特殊类型的品种，与普通甜椒相比，具有果型大、果肉厚、果皮钢化、口感甜翠、采收时间长等特点，且有红、黄、绿、紫等颜色，可作为多种菜肴的配料，也可作观赏用。

【观赏特征】彩椒因果实色泽艳丽多彩，口感甜翠，营养价值高，特别适于生吃，具有采摘时间长等优良特性，所以适合作为设施景观栽培的主要蔬菜，不但能提供视觉感官的美景，还能提供给游客采摘香甜可口的美味。

（二）景观应用

【适用范围】适于园区和大田景观的营造。

【应用类型】彩椒可作为都市休闲农业中的观光采摘蔬菜种植，在设施内供游客采摘，也可种植在园区道路两侧作为景观。

（三）栽培技术

【播种与定植】秋冬温室，7月中、下旬播种，8月下旬至9月中旬定植，12月至翌年7月采收。温室春夏茬，12月上旬播种，2月中旬至3月上旬定植，从5～12月采收。春大棚，1月上旬播种育苗，3月中、下旬定植，6～10月这一阶段采收，夏天要采取降温措施。秋茬，5月上旬育苗，6月中旬定植，采收期是9～10月。定植时做成畦面宽60cm，畦沟宽80cm，畦高20cm以上的小高畦，株距40～45cm，行距70cm，定植密度每亩在2 000株左右。定植要求幼苗株高15～20cm，有10片真叶左右，叶色深绿，叶片肥厚，叶柄粗壮，根系发育良好。

【田间管理】定植后浇一次缓苗水，缓苗后15d左右进行一次中耕。以后根据季节和长势情况浇水，以小水勤浇为宜，要常保持土壤湿润，保持设施内空气相对湿度在60%～80%为宜。一般每隔15d左右追肥一次，用滴灌效果最好。生长期间10d左右，叶面喷施一次磷酸二氢钾，可促进生长发育。

整枝是产量形成和果实大小的关键措施，每株选留2～3条主枝，以每平方米7条左右主枝为宜，门椒和24节基部花蕾应及早疏去，从第四至第五节开始留椒，以主枝结椒为主，应极早剪除其他分枝和侧枝，在密度较小的情况下，植株中部侧枝可以留一个椒后摘心，每个植株始终保持有2～3个主枝条向上生长，不需要培土，为防根基少影响生长，采用银灰色吊绳来固定植株，每个主枝用一条拴住基部。短季节集中采收的方式，也可采用竹竿搭围栏来固定植株。在生长期间，要结合整枝进行疏花疏果，每株可同时结果6个以内。在棚温低于20℃和高于30℃时，采用适宜浓度的生长调节剂喷花保果，其浓度视室温而调节，浓度随着温度升高而降低。

【病虫害防治】主要有病毒病、疫病和蚜虫。

六、五彩椒 *Capsicum annuum*

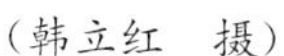

（韩立红　摄）

（张宝杰　摄）

（一）品种特征

【生物学特性】又名朝天椒、五彩辣椒，是辣椒的变种，为茄科多年生半木质性植物，但常作一年生栽培。同一株果实可有红、黄、紫、白等各种颜色，有光泽，盆栽观赏很逗人喜爱。也可以食用，风味同青椒一样。株高 30～60cm，茎直立，常呈半木质化，分枝多，单叶互生。花单生叶腋或簇生枝梢顶端，花白色，形小不显眼。花期 5 月初到 7 月底，果实簇生于枝端。

（二）景观应用

【适用范围】适于设施、园区和大田景观的营造。

【应用类型】用于区域种植，或在道路两侧用于行道装饰。

（三）栽培技术

【播种与定植】发芽适宜温度为 25℃以上，若采用塑料薄膜棚保温可四季栽培。播种最好用苗床或盆播，土质应肥沃、疏松、利水，泥土要过筛和消毒。待苗长至 5～6 片真叶时即可移栽。盆栽时，15～25cm 口径的花盆应每盆栽种一株，较大盆可栽 2～3 株。所用的土质应多含农家肥，以磷肥、尿素、复合肥为辅，盆里的土质要求疏松、利水，保持充足的阳光，如冬季室内温度适宜，养护得当，可继续开花，盆栽的植株观果期往往可延长到新年。

露地大田栽种的，时间要求在每年 3～5 月播种，移栽前大田必须下足基肥，亩施人畜粪 1 000kg 以上，磷肥或复合肥 50kg 为宜。移栽密度要求行距 40～50cm，株距 30cm，足水保湿，除草干净，始花期亩用尿素 10kg，有条件的施用叶面宝、丰产灵等植物活力素。

【田间管理】栽后保持田间湿润，除去田间杂草。始花期每亩施尿素 10kg，喷施叶面宝、丰产灵等植物活力素。高温干旱天气及时浇水；雨季要挖好田间排水沟，防止积水造成落花落果。露地栽种的五彩椒果实一般在8月中、下旬开始陆续成熟，应及时采剪以利增收，提高经济效益。剪下的成熟椒可上市也可串挂在通风干燥处晾晒成椒干，以备食用或作商品椒出售。

【病虫害防治】天气干热或多阴雨则生长衰弱，高温干旱时浇水，雨季时挖好田间出水沟，防止积水造成落叶、落花、落果。防治病虫害，可结合参考植物的杀虫药对症喷药。

七、花椰菜 *Brassica oleracea*

（郑禾　摄）

（郑禾　摄）

（一）品种特征

【生物学特性】十字花科芸薹属一年生草本植物，别名花菜、菜花。高60～90cm，披粉霜。茎直立，粗壮，有分枝。基生叶及下部叶长圆形至椭圆形，长2～3.5cm，灰绿色，顶端圆形，开展，不卷心，全缘或具细牙齿，有时叶片下延，具数个小裂片，并成翅状；叶柄长2～3cm；茎中上部叶较小且无柄，长圆形至披针形，抱茎。茎顶端有1个由总花梗、花梗和未发育的花芽密集成的乳白色肉质头状体；总状花序顶生及腋生；花淡黄色，后变成白色。长角果圆柱形，长3～4cm，有1中脉，喙下部粗上部细，长10～12mm。

（二）景观应用

【适用范围】适于设施、园区和大田景观的营造。

【应用类型】花椰菜可露天或大棚种植，因其直观形态，颜色多彩，食用美味健康，深受百姓喜爱。作为景观应用可将不同颜色品种穿插种植，既美观又实用。

（三）栽培技术

【播种与定植】花椰菜栽培分春作和秋作两茬。春大棚一般播种期在1月上旬，2月中旬定植。春季日光温室一般播种期在12月上旬，定植在1月中旬。秋大棚一般播种期在7月上、中旬，8月上、中旬定植。春季日光温室一般播种期在8月上、中旬，9月中旬定植。春播要在温床内育苗，提高苗床温度。夏、秋播要求在遮阳网覆盖下育苗，尽量设法降低温度。定植行距50～55cm、株距45cm，每亩栽2 700～2 800株。

【田间管理】春茬每亩施腐熟有机肥3 000～4 000kg，同时施用三元复合肥50kg，花椰菜直径10cm左右时，每亩追施尿素和复合肥7.5kg。秋茬亩施腐熟人畜粪肥2t、过磷酸钙50kg、钙镁磷50kg、草木灰200kg作基肥。加强前期中期的肥水管理，追肥次数与浓度可根据花椰菜长势，叶色变化灵活掌握。花椰菜在全生长过程中需水分较多，尤其是在叶簇旺盛生长期和花球形成期需要大量的水分。在浇水时切忌大水漫灌，一般在畦沟水分渗透至畦面后及时将多余的水分排除，以免浸泡时间过长引起沤根现象，过分的潮湿会引起花球松散，花枝霉烂。

【病虫害防治】花椰菜病害主要是黑腐病，害虫主要有甜菜叶蛾、菜青虫、小菜蛾等，应根据其发病情况及时进行防治。

（四）推荐品种

1. 碧玉 杂交一代品种，早熟，定植后65d收获，耐热耐寒。本品种比一般的西兰花品种早熟10d，植株叶片紧凑，适宜密植，具有生长迅速、早熟的特点。花球呈圆蘑菇形，形状优美，花蕾细密、坚实，深绿色。单花球重350～400g，是目前西兰花品种中最具突破性、最优良的品种。

2. 金玉60 最新育成的特色金色花菜新品种，花球颜色为诱人的金黄色。单球重700g左右，花球平整，高圆，植株开展度中等，移栽以后70～80d成熟。拨开花球内叶会使花球颜色加深。颜色诱人，口感清新，可以和其他颜色花菜搭配做色拉食用，更能增加食欲。

3. 京研60 中早熟品种，春秋两季均可栽培，花球洁白，纯度高，不起花毛，单球重1.5～2kg，肉质细腻，口感甜脆，品质优秀，植株健壮。外叶直立性强，内叶自覆性好，宜密植，抗病能力强。

4. 绿宝石 晚熟，定植后100d左右收获，耐热、抗病，花球浅绿色，紧密，品质好，单球重1 000g左右。

5. 绿峰 定植后110～120d收获的晚熟杂交一代品种，单球重800～1 000g。翠绿色花粒组成多个圆锥形小宝塔而构成单株花球，形状酷似宝塔，独特美观，口味好，营养价值高。适应性强，产量高。

6. 依紫千红 保健型紫色花椰菜，花球为艳丽的紫色，单球重1～1.5kg。叶片蓝绿色略紫，株型直立生长，耐肥水，抗病毒、黑腐病。春播定植后65～70d采收，秋播85～90d，亩产3 000kg左右，适宜秋季、秋延后和春季栽培。

7. 绿峰 极早熟一代杂交种，抗病、耐热，生长速度快，定植至收获约50d。叶绿色，卵圆形，有蜡粉，株高50cm，冠幅45cm，花球洁白紧密，单球重0.5～0.8kg，是9月上市的最优秀花菜品种。

八、甘蓝 *Brassica oleracea*

（韩立红　摄）

（张宝杰　摄）

（一）品种特征

【生物学特性】十字花科芸薹属的二年生草本植物，别名花菜、包菜、莲花白。矮且粗壮，一年生茎肉质，不分枝，圆或扁圆形，皮色绿或白色，少数种紫色。基生叶多数，质厚，层层包裹成球状体，扁球形，直径10～30cm或更大，乳白色或淡绿色；二年生茎有分枝，具茎生叶。基生叶及下部茎生叶长圆状倒卵形至圆形，绿、深绿或紫色，叶面有蜡粉，长和宽达30cm。上部茎生叶卵形或长圆状卵形，长8～13.5cm，宽3.5～7cm，基部抱茎；最上部叶长圆形，长约4.5cm，宽约1cm，抱茎。总状花序顶生及腋生；花淡黄色，直径2～2.5cm。长角果圆柱形，长6～9cm，宽4～5mm，两侧稍压扁，中脉突出，喙圆锥形。种子球形，直径1.5～2mm，棕色。花期4月，果期5月。

【观赏特征】大面积露地种植甘蓝或保护地种植整体观赏效果整齐、美观。成熟时，外部叶片宽大舒展，内部球状果实饱满紧实，果实颜色分为淡绿、紫色等不同颜色，有球状、莲座状等不同叶丛形态。

（二）景观应用

【适用范围】适于设施、园区和大田景观的营造。

【应用类型】甘蓝其观赏期长，叶色鲜艳，可用于镶边和组成各种美丽的图案，用于布置花坛，具有很高的观赏效果。其叶色多样，有淡红、紫红、白、黄等，是盆栽观叶的佳品。

（三）栽培技术

【播种与定植】甘蓝前茬不可以种植白菜类等十字花科蔬菜及绿叶菜类。秋茬于6月20～25日播种，苗龄30d左右，幼苗长到5～6叶时定植，株行距43cm×53cm，垄栽或小高畦栽培，定植后保持土壤湿润。春播时，冷床1月上、中旬播种，2月中旬分苗，3月中、下旬幼苗长到6～7叶时定植，株行距43cm×53cm，平畦栽培，定植后浇2水小蹲苗，多风干旱地区可不蹲苗，5～7d 浇水 1 次，保持土壤湿润。

【田间管理】定植后追肥 3 次（缓苗后、莲座期、结球初期各 1 次）。结球期（包心期）从开始结球到收获大约 25d，每隔 10d 浇 1 次重水，随水每亩追施尿素 10～15kg 或碳酸氢铵 50kg。

【病虫害防治】甘蓝主要害虫有蚜虫、菜青虫、小叶蛾、斑潜蝇等，主要病害有霜霉病、黑腐病和软腐病。

九、紫油菜 *Brassica chinensis*

（郑禾　摄）

（聂紫瑾　摄）

（一）品种特征

【生物学特性】紫冠 1 号油菜为杂交一代，生长势强，抗病性好，较晚抽薹，株型半直立，株高 20cm 左右，开展度 29cm 左右，叶面平展，紫色有光泽；叶柄较宽，翠绿色，品质较好，单株重 150～200g，亩产 2 500kg 左右，生育期 40～50d 左右。

【观赏特征】叶面紫色，叶柄翠绿，具有独特的观赏效果。

（二）景观应用

【适用范围】适于设施、园区和大田景观的营造。

【应用类型】适合镶边，或与油菜等其他颜色的植物搭配种植。

（三）栽培技术

【播种与定植】春茬在 2 月中、下旬以后才可以在大棚内栽培，播种期一直可到 5 月。2～4 月栽培可采用育苗移栽方法，用种量比较少，定植每亩播种量 100～150g。每亩施入腐熟有机肥 3 000kg，然后翻地做成平畦，定植畦宽 1.5m。定植株行距 10～15cm。秋茬油菜一般采用直播栽培，播种期为 8 月下旬至 11 月上旬，播种可采用条播或撒播，条播的行距为 15cm 左右，每亩均匀撒 200～300g 的种子，然后覆土、踩实、浇水。定植前操作同春茬。

【田间管理】定植后要及时浇水，待土壤湿度适中时进行中耕，2～3 月气温较低，浇水不要太勤，如果湿度大、不通风，容易发生病害。3 月下旬以后气温逐渐升高，而且多风，气候干燥，要保持土壤和空气的湿润。9～10 月天气晴朗，大棚内温度较高，要注意通风降温，气温尽量保持在 30℃以下，勤浇水防干旱，有条件可以采用喷灌设备，保持空气和土壤湿润。一般每亩施土杂肥 1 200～1 500kg 或腐熟猪牛粪肥 700～800kg，配合施过磷酸钙 10～15kg。

【病虫害防治】易发生的病虫害主要有菌核病、霜霉病、黑腐病、菜青虫、蚜虫等。

十、芹菜 *Apium graveolens*

（郑禾　摄）

（聂紫瑾　摄）

（一）品种特征

【生物学特性】伞形科芹属植物。植株挺拔直立，不同品种株高在 60～80cm 之间。叶片深绿，茎颜色有白色、红色，常见为浅绿色，有特殊香气，在保护地作为主要作物种植。

【观赏特征】叶面紫色，叶柄翠绿，具有独特的观赏效果。

（二）景观应用

【适用范围】适于设施、园区和大田景观的营造。

【应用类型】适合镶边等，与其他颜色的植物搭配种植。

（三）栽培技术

【播种与定植】芹菜还能在多种保护地内栽培，实现周年供应。一般春季栽培，1～2 月在温室内育苗，3 月下旬至 4 月中旬定植，5 月下旬至 7 月采收。秋季栽培，6 月中旬至 7 月上旬播种育苗，8 月上、中旬至 9 月中旬定植，10～12 月收获。一般保护地内栽培，多在 7 月上、中旬至 8 月上旬播种育苗，9～11 月定植在改良阳畦或日光温室，1～3 月收获。定植前整地，亩施农家肥 5 000kg 或优质有机肥。移栽前 3～4d 停水，单株定植，每亩定植 7 000 株。

【田间管理】定植 50～60d 后，每 5～7d 浇一次水，植株长到 30cm 高以后要加大浇水量。

【病虫害防治】芹菜主要病害有晚疫病和菌核病，害虫有粉虱、蚜虫。防治方法以农业防治和物理防治相结合的方法为主，化学农药防治为辅的综合防治。合理轮作倒茬，设防虫网和遮阳网。

（四）推荐品种

1. 白芹　风味清香，品质好，产量高，抗病性强，四季均可栽培。植株半直立，株高 71.7cm，茎绿色，粗 1cm，茎节易生不定根。抱茎，实心，单株重 25～30g。生长期 40～180d，亩产量可达 3 000kg。生长上采用绿色茎进行无性繁殖，利用腋芽萌发成新的植株。新叶经培土软化呈白色或淡黄色，为主要食用部分。白芹栽培实际上为水芹旱作。培土的芹菜为白芹，嫩茎雪白。

2. 红芹 1 号　红芹 1 号是北京市特种蔬菜种苗公司开发的最新芹菜品种，叶柄红色，叶片绿色，随植株生长叶柄颜色由里向外逐渐变淡，内叶柄红色，外叶柄淡红色，炒食受热后不变色。营养丰富，富含钙、铁等多种微量元素，尤其含铁量高。其品种新颖独特，是新兴的特菜品种，应对节日市场供应，已逐渐被广大用户接受。

3. 文图拉　植株高大，生长旺盛，株高 80cm 左右，叶片大，叶色绿，叶柄绿白色，实心，有光泽，叶柄腹沟浅而平，基部宽 4cm，叶柄第一节长 30cm，叶柄抱合紧凑，品质脆嫩，抗枯萎病，对缺硼症抗性较强，无分蘖。

十一、京香蕉 *Cucurbita pepo*

（李海真　摄）

（李海真　摄）

（一）品种特征

【生物学特性】高档特色西葫芦品种，中早熟一代杂交种。植株直立丛生型，生长健壮，节间短，适时采收有利于连续结果，获得丰产。播后 50d 采收 200g 左右的嫩瓜，果实金黄色，光泽度好，瓜柄绿色，外观非常漂亮，瓜条顺直，长圆筒形，果长 20～25cm，果径 4～5cm，收获期长，产量高，适合各种保护地栽培。

【观赏特征】嫩瓜金黄色，瓜柄鲜绿色，用于廊架栽培时颜色艳丽，观赏性好。

（二）景观应用

【适用范围】适于设施、园区景观的营造。

【应用类型】适合不同品种搭配进行廊架种植。

（三）栽培技术

【播种与定植】施足底肥，地膜覆盖，高垄栽培。日光温室栽培时，华北地区 9 月 25 日左右播种，2 片真叶时定植，亩植 1 800 株。

【田间管理】注意及时采摘嫩瓜，防止坠秧，抢早上市。本品种雌花开放早而多，需在开花当天上午进行日光辅助授粉。

【病虫害防治】露地也可以种植，不要在太炎热时候种植，容易感染病毒病，会变为绿色或花色。大棚种植时，可以控温，所以比较好管理，露地种植温度一定不能太高。

十二、南瓜 *Cucurbita moschata*

（李海真　摄）

（李海真　摄）

（一）品种特征

【生物学特性】葫芦科南瓜属植物，又称饭瓜、番南瓜。山东地区称作番瓜，东北地区称作倭瓜，河北地区称作北瓜。一年生蔓生草本，茎常节部生根，伸长达 2～5m，密被白色短刚毛，叶柄粗壮。可食用，有橘黄色和青色两种，外形呈扁圆或不规则葫芦形状，未成熟果实皮脆肉质致密，可配菜、做馅，成熟果实甜面，可熬粥。普通南瓜品种有京红栗、京绿栗、甜面南瓜、蜜本南瓜等。观赏南瓜适应性强，栽培技术简单，既可食用又可观赏，市场售价是普通南瓜的 3～5 倍，具广阔的市场开发前景。

【观赏特征】色彩艳丽，有白、黄、绿、黑等多种颜色，瓜形有球形、洋梨形、长球形、皇冠形等，在廊架上搭配种植，具有独特的观赏效果。

（二）景观应用

【适用范围】适于设施、园区景观的营造。

【应用类型】适合不同品种搭配进行廊架种植，或多将不同形状和色泽的南瓜拼成瓜篮，再陪衬一些美丽的干花，陈放于室内。

（三）栽培技术

【播种与定植】南瓜的发芽最适温度在28℃左右，温室、大棚等保护地设施内全年可种植，也可于春季进行露地栽培。一般采用营养钵育苗，4～5片真叶时定植。整地前重施有机肥，定植后浇透定根水。

【田间管理】缓苗期保持土壤湿润，生长盛期和开花结果期保证充足的水分供应。追肥应掌握“前期薄施、勤施，果期重施，多种肥料配合使用”的原则。株高30～40cm时吊线引蔓。生长过程中及时摘除侧芽，以免消耗营养，影响主蔓结瓜。主蔓上棚架后适当保留2～3条侧蔓，增加结瓜率。

【病虫害防治】南瓜易发生病毒病、白粉病、蚜虫等，注意及时防治。

（四）推荐品种

1. 短蔓京红栗　密植型早熟南瓜，生长稳健。节间短，坐瓜集中，可密植。春季种植主蔓10cm处可见第一雌花开放，单株坐瓜2～3个。单瓜重1.5kg，扁圆形，橘红色皮。瓜肉厚，橘黄色，味甜甘面，品质好。比长蔓南瓜品种省工省力，容易管理，产量提高15%～20%。

2. 甜面南瓜　植株匍匐生长，分枝性强，叶片绿色，第15～16节着生第一雌花。瓜为棒槌形，纵径36cm，横径15cm左右，成熟时瓜皮橙黄色，瓜肉橙红色，肉厚。瓜肉淀粉细腻，味甜，品质优良，单瓜重2～3kg。早中熟，定植后85～90d可收获。

短蔓京红栗　（张保旗　摄）

甜面南瓜　（李绍臣　摄）

3. **黄油南瓜** 该品种植株长势中等，长蔓生长型，生育期95d左右，果肉鲜艳橘红色，糖分高、口感好。瓜型整齐一致，长25～30cm，粗13～15cm，果肉鲜亮，单瓜重2kg左右，商品性好。瓜皮韧性强，耐储运，成熟采收后常温可保存半年，消费市场前景广阔，同时也适合加工。

4. **麦克风** 一年生蔓生草本，花雌雄同株，果实形似麦克风，果色多为复色，过长约10cm，果实玲珑可爱，是一种只能观赏不能食用的玩具小南瓜。

5. **顽皮小孩** 一年生蔓生草本。花雌雄同株，果实梨形，果实上方金黄色，下方深绿色，果实小巧可爱，是一种只供观赏不能食用的玩具小南瓜，观赏期长。

6. **巨型南瓜** 一年生蔓生草本，花雌雄同株，单生，黄色，单果重10kg以上。春季3～6月播种，每穴1～2粒种子尖部向下，覆土2cm左右。不耐寒，喜肥沃、湿润、排水良好的土壤。果色鲜艳，宜供室内案上观赏，可食用。

7. **香炉** 别名鼎足瓜、金瓜，果面橘红色，脐部灰白色，果肉橙黄色，瓜形上圆下方，中间有带痕，下部有2～5个小包凸起，瓜皮颜色上红下白，很像庙里的香炉，故而得名。

巨型南瓜（任荣　摄）

顽皮小孩　（聂紫瑾　摄）

香炉　　（李绍臣　摄）

十三、葫芦 *Lagenaria siceraria*

（李志明　摄）

（李宝明　摄）

（一）品种特征

【生物学特性】葫芦科葫芦属植物，是爬藤植物，一年生攀援草本，有软毛，夏秋开白色花，雌雄同株，葫芦的藤可达15m长，果子可以从10～100cm不等，最重的可达1kg。葫芦喜欢温暖、避风的环境，幼苗怕冻。新鲜的葫芦皮嫩绿，果肉白色，果实也被称为葫芦，可以在未成熟的时候收割作为蔬菜食用。葫芦各栽培类型藤蔓的长短，叶片、花朵的大小，果实的大小形状各不相同。果有棒状、瓢状、海豚状、壶状等，类型的名称亦视果形而定。

（二）景观应用

【适用范围】适于设施、园区景观的营造。

【应用类型】适合不同品种搭配进行廊架种植，或加工成工艺品，陈放于室内。

（三）栽培技术

【播种与定植】葫芦可直播，也可育苗移栽。种子在15℃以上发芽，最适温度为20～25℃。直播为穴播，播前浇透水，播深6～7cm。育苗移栽一般苗龄35～40d移栽，栽前5～7d炼苗。移栽时挖大穴，施底肥，浇透水。

【田间管理】及时人工除草，防治病虫害。主蔓长到50cm左右时，结合灌水进行追肥。及时顺蔓、引蔓、绑蔓，掐尖、打杈、人工授粉。经常清除老叶、枯叶和细弱的侧蔓，改善植株的内部通风、透光条件。果实过重时，用布条兜住，分担瓜蒂重量。

【病虫害防治】葫芦抗病性较强，注意防治蚜虫、病毒病。

（四）推荐品种

1. 飞鸟美人　亚腰葫芦中的大型品种，果实一般高度30cm以上，较大的可达50～60cm。果实中间细，分为上下两室，上小下大。以观赏果实为主，秋季果实干燥后可作为装饰物或制成工艺品。

2. 中小型葫芦　亚腰葫芦中的大中小型品种，果实一般高度10～30cm。生长过程中以观赏果实为主，秋季果实干燥后可作为装饰物或制成工艺品。

飞鸟美人（张保旗　摄）

中小型葫芦　（李邵臣　摄）

3. **瓢葫芦** 果实呈梨形，又称匏瓜。果实成熟后，果壳对半剖开，掏去果瓤即成为瓢。

4. **蛇形葫芦** 葫芦科葫芦属。果实性状奇特，长纺锤形，柄较长且顶端弯曲，恰如蛇形。

瓢葫芦 （张保旗 摄）

蛇形葫芦 （张保旗 摄）

5. **流星锤/鹤首** 葫芦科葫芦属。果实整体形状如长柄葫芦，上方具细长柄，果实下部是不规则高球形，奇形怪状，表面有明显的棱线突起，呈不规则凹凸面，颜色墨黑，形似“流星锤”或“鹤首”。

6. **天鹅葫芦** 为一年生葫芦科植物，原产地为非洲南部。果实颈部上方略为膨胀，似天鹅头部，下方近圆球形，表面光滑有淡绿色斑纹，果实充分干燥后可长期摆饰或雕刻。

流星锤/鹤首 （张保旗 摄）

天鹅葫芦（张保旗 摄）

7. **蝈蝈葫芦** 一种果型奇特的观赏葫芦，果实下方鸭梨形或圆球形，具有长达40～60cm均匀的长柄。嫩瓜食用味道鲜美，可挽结或在成熟后加工成工艺品。

8. **手捻葫芦** 亚腰葫芦的小型品种，果实较小，是天然的工艺品，嫩果可作蔬菜，也可入药。

蝈蝈葫芦 （李邵臣 摄）

手捻葫芦（张保旗 摄）

9. 长柄葫芦 一种果型奇特的观赏葫芦，果实下方鸭梨形或圆球形，具有长达40～60cm均匀的长柄。嫩瓜食用味道鲜美，可挽结或在成熟后加工成工艺品。

10. 大酒葫芦 亚腰葫芦的大型品种，果实长25～30cm，形态优美，挂果率高，果实饱满。

11. 一把抓 葫芦科葫芦属。果实分上下两室，上小下大，中间有腰，且腰较长，呈三挺。

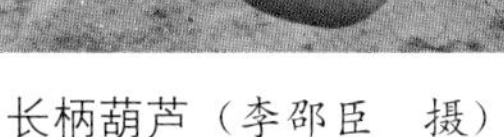

长柄葫芦（李邵臣 摄） 大酒葫芦（张保旗 摄） 一把抓 （李邵臣 摄）

十四、冬瓜 *Benincasa hispida*

（王忠义 摄）

（王忠义 摄）

（一）品种特征

【生物学特性】 葫芦科冬瓜属植物，又称东瓜、枕瓜、白冬瓜、水芝、地芝、白瓜、濮瓜、大冬瓜。果实球形或长圆柱形，表面有毛和白粉，皮深绿色。因瓜熟之际，表面上有一层白粉状的东西，就好像是冬天所结的白霜，取名冬瓜。按瓜的大小划分，可以分为小型冬瓜和大型冬瓜，小冬瓜一般可长到1～3kg，大冬瓜单瓜重10～20kg。按冬瓜植株熟性划分，可以分为早熟、中熟、晚熟品种。

（二）景观应用

【适用范围】 适于大田、设施、园区景观的营造。

【应用类型】 适合在大田或棚内种植，用于采摘。

（三）栽培技术

【播种与定植】 冬瓜按栽培方式可分为地冬瓜、棚冬瓜和架冬瓜 3 种。北方一般春夏播种或定植，秋季收获。播种日期依次在定植期前 40～50d 为宜，播前需浸种催芽。钵播时，每钵 1 粒发芽种子，随即盖培养土 1.5cm 厚。平畦播种，在水渗后，按 10cm 见方划格印，每格播 1 粒发芽种子，盖土 1.5cm 厚。播种后最好在钵或平畦上覆盖地膜。冬瓜以苗龄 40～50d，有 3～4 片真叶为宜。北方需在绝对断霜后，地温稳定在 15℃以上时定植。每畦栽两行，行距 0.7～0.8m，株距 35cm（小型品种）或 50～60cm（大型品种），挖穴定植。也可先开沟，灌水稳苗。直播栽培时，按上述密度穴播。

【田间管理】 移栽后注意肥水管理。地冬瓜茎蔓伸长到 60～70cm 时要进行盘条、亚蔓；棚冬瓜要适时搭架、绑蔓、定瓜、留瓜；架冬瓜也要注意适时搭架、绑蔓。

【病虫害防治】 冬瓜的病害主要是青枯病、枯萎病、炭疽病、白粉病、菌核病等，害虫主要是蚜虫、瓢虫、椿象等，注意防治。

（四）推荐品种

1. 水果冬瓜　迷你水果小冬瓜皮色青绿美观，个体适中，营养价值较高，肉厚清甜，口感好，单重 700～1 000g，最适合做冬瓜炖盅，是酒楼、餐厅等高档饮食场所的必备菜肴。该品种还可以直接榨汁、直接生吃，口感好，营养高。

2. 黑皮冬瓜　该品种为中晚熟品种，正常生长第一雌花一般着生在 16～18 叶，以后二至三叶出现一个雌花，嫩瓜青绿色、成熟瓜为黑色，形状似炮弹，所以很多菜农又称之为炮弹形黑皮冬瓜。瓜长 60cm 左右，横径 20～25cm，肉质厚无空心，特耐运输。单瓜重一般 10～15kg，重者可达 20kg 以上。但在高温季节要注意防止太阳曝晒，以免晒伤。亩产一般在 5 000kg 以上，高产者可达 10 000kg 以上。

（李邵臣　摄）

（李邵臣　摄）

3. 串八冬瓜 极早熟。瓜形为高桩或近球形，绿色、肉厚、品质好、耐贮存，耐寒、耐热较强，适于保护地及露地栽培，定植后 60d 即可采摘。单瓜重 3～4kg，一般亩产 4 000～5 000kg，是目前早熟冬瓜的最佳品种。

（聂紫瑾 摄）

十五、苦瓜 *Momordica charantia*

（金子元 摄）

（金子元 摄）

（一）品种特征

【生物学特性】葫芦科苦瓜属的一年生攀援草本植物，又名凉瓜。茎为蔓生，五棱，浓绿色，被茸毛。初生叶一对，对生，盾形，绿色。以后的真叶为互生，掌状深裂，绿色，叶背淡绿色，叶脉放射状，具5条放射叶脉，叶长16～18cm，宽18～24cm，叶柄长9～10cm，黄绿色，柄有沟。花为单性同株。植株一般先发生雄花，后发生雌花，单生。雄花花萼钟形，萼片5片，绿色，花瓣5片，黄色；雌花具5瓣，黄色。苦瓜果实为浆果，表面有许多不规则的瘤状突起，果实的形状有纺锤形、短圆锤形、长圆锤形等。麦皮有青绿色、绿白色与白色，成熟时黄色。达到黄熟的果实，顶部极易开裂，露出血红色的瓜瓤，瓤肉内包裹着种子。

【观赏特性】 茎蔓生性强，适宜打造郁郁葱葱的廊架景观。

（二）景观应用

【适用范围】 适于大田、设施、园区景观的营造。

【应用类型】 适合在大田、大棚或温室内种植，用于采摘或打造作物迷宫、廊架景观等。

（三）栽培技术

【播种与定植】 露地苦瓜栽培一般先在日光温室内育苗，整个育苗期一般为25～30d，根据当地的定植期确定播种期。播前需浸种催芽，定植前施肥整地、作畦。一般做成宽150cm的平畦或高畦，每畦栽2行，株距33～50cm。

【田间管理】 定植后及时中耕松土，以利增温保墒，促进幼苗迅速生长。当瓜蔓长到40cm左右时，在瓜行两侧搭架、引蔓，及时摘除侧蔓。开花结瓜期及时进行多次追肥，以促蔓、保瓜。后期及时摘除茎蔓、茎部老叶、病叶，以利通风透光。

【病虫害防治】 苦瓜植株本身有一种特殊气味，因此抗病虫能力较强，很少发生病虫害，也很少打药，但在干旱季节有些植株会感染病毒和受蚜虫、白粉虱的危害，在高温多雨季节容易发生炭疽病，注意及时防治。

（四）推荐品种

1. 油绿苦瓜　该品种生长强壮，早熟、抗热、耐温、耐寒，分枝力强，挂果多而且果型长大，产量高、肉厚，纹条粗，果色油绿光滑，品质佳，耐贮运。

2. 白苦瓜　白苦瓜又称白玉苦瓜，瓜长纺锤形，单瓜重0.73kg，瓜皮白色有光泽，表面呈不规则棱状突起，肉色浅绿色，肉厚，苦味适中，品质好，较耐热抗病。

3. 黑苦瓜　黑苦瓜颜色墨绿，外形比绿苦瓜长，果肉更厚，瘤状突起鲜明发亮，光泽度极好。这种苦瓜的苦味比普通苦瓜淡得多，果肉也比较厚，口感十分清脆。

油绿苦瓜　　（金子元　摄）

白苦瓜 （任荣 摄）　　黑苦瓜 （任荣 摄）

十六、丝瓜 *Lufa cylindrica*

（文平 摄）

（金子元 摄）

（一）品种特征

【生物学特性】 原产于印度的一种葫芦科植物，又称菜瓜，在东亚地区被广泛种植，为葫芦科丝瓜属的一年生攀援藤本。丝瓜根系强大，茎蔓性，五棱、绿色，主蔓和侧蔓生长都繁茂，茎节具分枝卷须，易生不定根。果为夏季蔬菜。成熟时里面的网状纤维称丝瓜络，可代替海绵用作洗刷灶具及家具。常见观赏品种有特长丝瓜、长福丝瓜、棱丝瓜等。

【观赏特性】 丝瓜蔓生性强，适合搭配廊架，营造特色廊架、作物迷宫等景观。

（二）景观应用

【适用范围】 适于大田、设施、园区景观的营造。

【应用类型】适合在大田、大棚或温室内种植，用于采摘。

（三）栽培技术

【播种与定植】丝瓜可育苗可移栽。丝瓜采用育苗栽培的，大约经过40～50d苗龄，幼苗长到3～4片真叶时就可定植。直播的要间苗、定苗。施肥做畦后定植，定植后及时浇定植水，并追肥1次。以后随着秧苗的生长可每隔7～10d追肥1次，每采收1～2次，追肥1次。

【田间管理】一般丝瓜蔓长30～60cm时要搭架。丝瓜蔓长，生长旺盛，分枝力强的品种以搭棚架为好；生长势弱，蔓较短的早熟类型品种以搭人字架或篱笆架为好。在丝瓜蔓上架之前，要注意随时摘除侧芽，适当窝藤、压蔓后，将蔓引到架上，要及时绑扎，松紧要适度，使茎蔓分布均匀，提高光能利用率。采收期下面的病叶、老叶影响通风，又易传播病害，要及时摘除。

【病虫害防治】苗期的主要病害有猝倒病、灰霉病，害虫有蚜虫、地老虎、潜叶蝇等；抽蔓后的主要病害有病毒病、霜霉病、灰霉病、枯萎病、细菌性角斑病，害虫有潜叶蝇、地老虎、白粉虱、瓜实蝇、棉铃虫、螨虫。以物理防治、生物防治为主，化学防治为辅。

（四）推荐品种

1. **长福丝瓜** 植株长势强，无病害，早熟，结瓜节位5～7节。主蔓结瓜为主。瓜呈圆柱状，两端略细，瓜长40cm左右，横径5cm左右。肉厚有弹性，有独特香味。保护地、露地均可种植，适宜于全国各地栽培。建议株行距0.5m×2m，喜农家肥，清除侧蔓易获高产。

2. **棱丝瓜** 棱丝瓜因瓜身上有8条纵向的棱而得名。皮绿色，无绒毛，质硬，瓜肉白。果为夏季蔬菜之一，种子油可供食用。果成熟时里面的网状纤维如海绵，称“瓜络”或“丝瓜络”，可供擦洗器具或药用。

3. **特长丝瓜** 观食两用。特长丝瓜适应性强，高耐水肥，长势旺，主蔓长3～5m，分枝力强。主侧蔓均结瓜，7～10节即有雌花出现，以后节节有雌花，甚至一节双雌。瓜条长大是其突出特点，未开花的瓜胚即可长25～40cm，瓜体膨大迅速，花谢后5～7d即可长至60～90cm，进入采收期。成瓜一般长150cm，最长达200cm。特长丝瓜嫩时做菜，瓜肉色白质脆，口感细腻，适口性好。成瓜老熟后取出种子，洁白颖长的瓜络，不但是中药材，更是做天然植物保健浴巾的上等材料，很有开发前景。特长丝瓜产量很高，采收期长，可到霜降时节，种管得法，每亩可产

长福丝瓜 （聂紫瑾 摄）

鲜品 3～5t。

棱丝瓜 （聂紫瑾 摄）

特长丝瓜 （聂紫瑾 摄）

十七、蛇瓜 *Trichosanthes anguina*

（张保旗 摄）

（李绍臣 摄）

（一）品种特征

【生物学特性】葫芦科栝楼属的一年生攀援藤本，又名蛇豆、豆角黄瓜。茎纤细，多分枝，具纵棱及槽。叶片膜质，圆形或肾状圆形，长8～16cm，宽 12～18cm，3～7浅裂至中裂，有时深裂。卷须 2～3 歧，具纵条纹，被短柔毛。花雌雄同株。雄花组成总状花序，常有 1 单生雌花并生；花冠白色。果实长圆柱形，长 1～2m，径 3～4cm，通常扭曲，幼时绿色，具苍白色条纹，成熟时橙黄色，具种子10余枚。种子长圆形，藏于鲜红色的果瓤内，长11～17mm，宽8～10mm，灰褐色，种脐端变狭，另端圆形或略截形，边缘具浅波状圆齿，两面均具皱纹。花果期夏末及秋季。

【观赏特性】蛇瓜蔓生性强，可用于营造廊架景观，瓜未成熟时如一条条青蛇垂下，犹如蛇林，颇为壮观，成熟时瓜皮部分呈鲜艳的橙红色，另有一番景色。

（二）景观应用

【适用范围】适于大田、园区景观的营造。

【应用类型】和不同品种搭配进行廊架种植，也可在幼嫩时作为蔬菜。

（三）栽培技术

【播种与定植】【田间管理】【病虫害防治】参见葫芦。

十八、秋葵 *Abelmoschus esculentus*

（张保旗　摄）

（聂紫瑾　摄）

（一）品种特征

【生物学特性】锦葵科秋葵属的一年生草本植物。根系发达，直根性，根深达1m以上；主茎直立，高1～2.5m，粗5cm，赤绿色，圆柱形，基部节间较短，有侧枝，自着花节位起不发生侧枝；叶掌状5裂，互生，叶身有茸毛或刚毛，叶柄细长，中空；花大而黄，着生于叶腋。

【观赏特性】秋葵在水肥管理好的情况下，株高可达2m左右。绿秋葵结绿色荚果，红秋葵结红色荚果，形成壮观的秋葵林景观。

（二）景观应用

【适用范围】适于大田、园区景观的营造。

【应用类型】适合在大田、园区路边种植，用于采摘、点缀或遮挡。

（三）栽培技术

【播种与定植】一般于 3 月底至 4 月中旬在阳畦或日光温室里播种。直播一般于 4 月上旬至 5 月上、中旬播种，株行距 15cm×40cm，每穴播 2～3 粒种子。地膜覆盖栽培可早播 4～6d。当苗长出两叶时进行间苗，每穴只留 1 株壮苗，4～5 叶时定苗。

【田间管理】当株高 40～50cm 时，应环株施 1 次肥，结合中耕培土。采收第一、二个果后每亩追尿素 10kg。生长后期为防止早衰，可喷施叶面肥，隔 5～7d 喷 1 次，连喷 2～3 次。秋葵比较耐旱，苗期可少浇水，开花前适当中耕蹲苗，促进根系伸展。生长后期酌情浇水。雨季水多，温度高，易导致渍水烂根，要及时清沟沥水。秋葵以主蔓结果为主，应及时摘除侧枝，减少养分损耗。开始采果后适当摘去基部老叶，以利通风，减少病害。雨季要注意培土，防止植株倒伏。

【病虫害防治】秋葵病虫害较少，偶尔有蚜虫、螟虫和地老虎危害。连阴雨季节，枝叶出现较多病斑，可在天转晴后，及时在植株基部附近撒施石灰，防止病害蔓延。

（四）推荐品种

1. 绿秋葵　黄秋葵的一种。茎秆、果实外皮、叶子均为绿色。
2. 红秋葵　黄秋葵的一种。茎秆、果实外皮为红色，叶子为绿色。

绿秋葵　（李邵臣　摄）

红秋葵　（李邵臣　摄）

第六章 景观食用菌

CHAPTER6

一、黑木耳 *Auricularia auricula*

（吴尚军　摄）

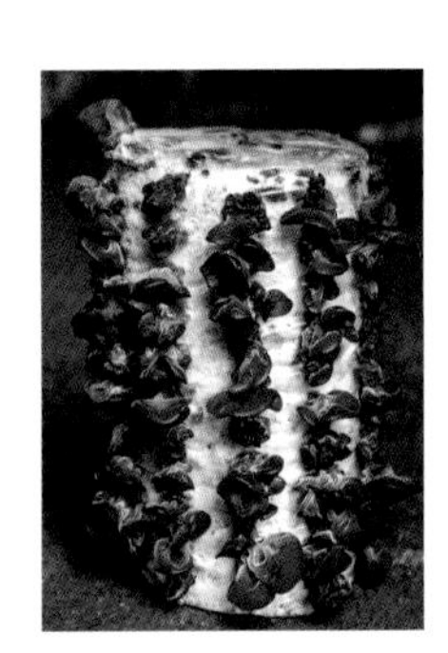

（吴尚军　摄）

（一）品种特征

【生物学特性】属真菌界担子菌门伞菌亚门伞菌纲木耳目木耳科木耳属。子实体耳状、叶状或杯状，薄，边缘波浪状，宽3～10cm，厚2cm左右，以侧生的短柄或狭细的附着部固着于基质上。黑木耳色泽黑褐，质地呈胶质状透明，薄而有弹性。味甘，性平，有益气强生、活血、止血效能。

【观赏特征】褐色子实体略呈耳状、叶状或杯状，湿润时半透明，干燥时收缩变为脆硬的角质至近革质。大面积种植时排列整齐，犹如身着黑色战袍的列队士兵。

（二）景观应用

【适用范围】适于林下景观、园区、设施景观的营造。

【应用类型】用作主要作物，在空旷地大面积种植。或是与树木套种搭配，如与果树、杨树等形成林下景观。

【搭配】适宜和粮食、花卉、果树、药材等作物采用套种搭配。

（三）栽培技术

【播期】每年4月初或9月初排场开口。

【定植】菌棒直立摆排或采用吊袋栽培。直立摆排每平方米至多放置25棒，采用吊袋栽培每平方米至多放置80棒。栽培场所需安装雾化喷灌设备。

【中期管理】催芽期间，通过揭塑料膜将温度控制在15～24℃之间，空气相对湿度控制在80%～85%，经7～10d原基可形成，15d左右形成耳芽。原基形成期湿度要控制在

85%～95%之间，温度范围10～25℃，以18～23℃最佳。子实体分化期，切忌直接向菌袋喷水。当温度超过25℃，加盖一层草帘遮阴降温保湿。待原基长至1～1.5cm时，适当加大通风量，每次1～2h，间隔2～3d 1次。然后进入全光栽培期，浇水最佳时间是袋内温度15～25℃时，不足15℃不能浇水。浇水要少浇、勤浇，每半小时左右就要浇一次，每次浇3～5min，以各个耳片都湿透为准。子实体生长期（7～10d）保持温度15～25℃，湿度90%～100%。采用"干干湿湿"的管理方法。可在排场初期，铺一层麦草秸秆或带微孔地膜以除草。

【病虫害防治】出耳期注意通风，以防止绿霉、链孢霉感染菌棒。保持场地清洁，加强通风，采收后喷0.1%～0.2%高锰酸钾液或1%漂白粉，以防温度较高、通风不良环境中发生的烂耳病。

二、侧耳类 *Pleurotus*

（一）品种特征

【生物学特性】侧耳属各个种子实体的共同形态特征是菌褶延生，菌柄侧生。子实体中等至大型，菌盖直径5～13cm，白色至灰白色、青灰色，有纤毛，水浸状，扁半球形，后平展，有后沿，菌肉白色，厚，菌褶白色，稍密至稍稀，延生，在柄上交织，菌柄侧生，短或无，内实，白色，长1～3cm，粗1～2cm，基部常有绒毛。从分类学上鉴别，不同种的主要依据是寄主、菌盖色泽、发生季节、子实层内的结构和孢子等。

【观赏特征】主要观赏子实体即菇体，由于侧耳类种类众多，形态各异，颜色多彩，如秀珍菇的菇体一片片如一把小扇子，凤尾菇的菇体如一只凤凰展开的尾巴；如榆黄菇的菇体颜色金黄，象征丰收；再如桃红侧耳的菇体粉色，代表喜悦。若注重菇体形态的观察，适合微型农田景观搭配。若注重菇体颜色的欣赏，适合大型农田景观搭配，发挥群体，主要用于点缀、镶嵌，达到增添色彩、增加妙趣等功效。

（二）景观应用

【适用范围】适于林下景观、园区、设施景观的营造。

【应用类型】用作主要作物或是花卉、药材作物镶边，或是园区廊架挂式栽培。

【搭配】适宜和花卉、药材、绿色大田作物搭配。

（三）栽培技术

【播期】每年4～9月均可定植。红平菇、榆黄菇、小白平适合高温季节出菇。

【定植】菌棒直立摆排或采用吊袋栽培或墙式码放。直立摆排每平方米至多放置25棒，采用吊袋栽培每平方米至多放置80棒。栽培场所需安装雾化喷灌设备。

【中期管理】菌丝长满菌袋后，菌丝吐黄水，此时可以划开袋口，保持空气相对湿度控制在80%～85%，经7～10d原基可形成。子实体分化期控制空间温度15～30℃时，空气相对湿度控制在85%～95%。光照强度保持在200～1 000lux。

【病虫害防治】出菇期注意通风，以防止绿霉、链孢霉感染菌棒。保持场地清洁，加强通风，采收时不留菌柄和死菇。注意菇蚊、菇蝇等危害，可以挂置黄板、杀虫灯、使用防虫网，进行物理防治。

（四）主栽品种

1. 糙皮侧耳　菌盖直径 5～21cm，灰白色、浅灰色、瓦灰色、青灰色、灰色至深灰色，菌盖边缘较圆整。菌柄较短，长 1～3cm，粗 1～2cm，基部常有绒毛。菌盖和菌柄都较柔软。孢子印白色，有的品种略带藕荷色。子实体常丛生甚至叠生。

糙皮侧耳　（吴尚军　摄）

糙皮侧耳　（吴尚军　摄）

2. 姬菇　菌盖为贝壳状或扇状，幼时为青灰色或暗灰色，后变成浅灰色或黄褐色，老时黄色；菌柄侧生或偏生，肉质嫩滑可口，有类似牡蛎的香味。

姬　菇　（吴尚军　摄）

姬　菇　（吴尚军　摄）

3. 秀珍菇　子实体单生或丛生，菌盖扇形、肾形、圆形、扁半球形，后渐平展，基部不下凹，成熟时常波曲，盖缘薄，初内卷、后反卷，有或无后沿，横径 1.5～3cm 或更大达 4cm，灰白、灰褐，表面光滑，肉厚度中等，白色；菌褶延生、白色、狭窄、密集、不等长，髓部近缠绕形；菌柄白色，多数侧生，间有中央生，上粗下细，宽 0.4～3cm 或更粗，长 2～10cm，基部无绒毛。

秀珍菇　（吴尚军　摄）

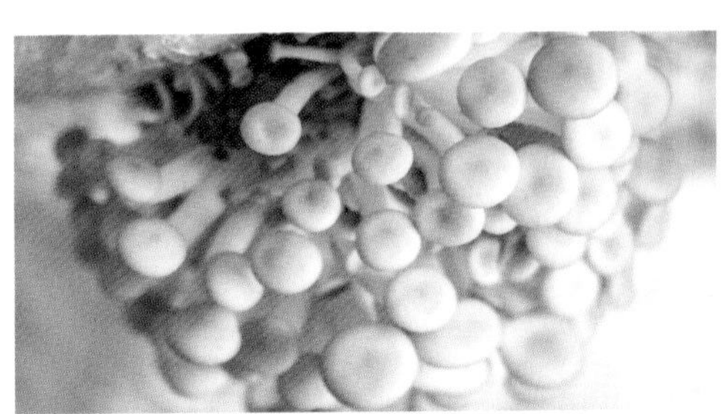

秀珍菇　（吴尚军　摄）

4. 榆黄菇 子实体多，丛生或簇生，呈金黄色。菌盖喇叭状，光滑，宽 2～10cm，肉质，边缘内卷，菌肉白色，菌褶白色，延生，稍密，不等长。菌柄白色至淡黄色，偏生，长 2～12cm，粗 0.5～1.5cm，有细毛。多数子实体合生在一起。

榆黄菇 （贺国强 摄）

榆黄菇 （吴尚军 摄）

榆黄菇味道鲜美，营养丰富，含蛋白质、维生素和矿物质等多种营养成分，其中氨基酸含量尤为丰富，且必需氨基酸含量高。

5. 桃红侧耳 子实体叠生或近丛生。菌盖直径 3～14cm，初期贝壳状或扇形，边缘内卷，伸展后边缘往往呈波状，表面有细绒毛或近光滑，初粉红色、鲑肉色，后变浅黄土色至红色或近白色。菌肉较薄，带粉红色或与菌盖同色，稍密，延生，不等长。菌柄一般不明显或很短，长 1～2cm，被白色绒毛。

桃红侧耳 （吴尚军 摄）

桃红侧耳 （吴尚军 摄）

6. 白平菇 子实体中等至大型，寒冷季节子实体色调变深。菌盖直径 5～21cm，扁半球形，后平展，有后檐，白色至灰白色、青灰色，有条纹。菌肉白色，厚。菌褶白色，延生，在菌柄上交织。菌柄长 1～3cm，粗 1～2cm，侧生，白色，内实，基部常有绒毛。

白平菇 （吴尚军 摄）

白平菇 （吴尚军 摄）

三、灰树花 *Grifola frondosa*

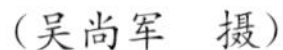

（吴尚军　摄）

（吴尚军　摄）

（一）品种特征

【生物学特性】属担子菌亚门的多孔菌科，别名贝叶多孔菌、栗子蘑、千佛菌、重菇、莲花菌等。灰树花子实体肉质，短柄，呈珊瑚状分枝，末端生扇形至匙形菌盖，重叠成丛，大的丛宽40～60cm，重3～4kg；菌盖直径2～7cm，灰色至浅褐色。表面有细毛，老后光滑，有反射性条纹，边缘薄，内卷。菌肉白，厚2～7mm。

【观赏特征】主要观赏子实体即菇体。子实体肉质，柄短呈珊瑚状分枝，重叠成丛，其外观婀娜多姿，层叠似菊。

（二）景观应用

【适用范围】适于林下景观、园区、设施景观的营造。

【应用类型】用作主要作物，成片种植。

【搭配】适宜和栗子树等果树搭配。

（三）栽培技术

【播期】每年4月埋植菌棒，夏季出菇。

【定植】在树下搭建小拱棚。棚内需安装雾化喷头。菌棒脱去塑料袋，直立摆排于畦内，菌棒间留适当间隙，在菌棒缝隙及周围填土，表面覆上1～2cm的土层。直立摆排每平方米至多放置80棒。

【中期管理】覆土后浇一次大水，每天早、中、晚各喷水1次，水量以湿润地面为宜，并尽量往空间喷。4月下旬或5月上旬以保温为主，晚上要盖严草帘和塑料布。6月下旬至8月高温高热期应以降温为主，用喷水降温或增加草帘覆盖物以增加遮阴程度。菇蕾分化期少通风多保湿，菇蕾生长期多通风促蒸发。用支斜架的方法保持生长的稳定散射光。

【病虫害防治】灰树花出菇期较长，特别是贯穿整个高温夏季，时常发生病虫侵害，在坚持以预防为主综合防治的同时，通常还采用如下应急防治措施：(1) 发现局部杂菌感染时，通常用铁锹将感染部位挖掉，并撒少量石灰水盖面，添湿润新土，拢平畦面。感染部位较多时，可用5%草木灰水浇畦面一次。(2) 可以使用防虫网预防害虫发生。发现害虫，用敌百虫粉撒到畦面无菇处。用低毒高效农药杀虫，尽量避免残毒危害。(3) 在7～8月高温季节，当畦面有黏液状菌棒出现时，用1%漂白粉液喷洒床面以抑制细菌。

四、赤芝 *Ganoderma lucidum*

（吴尚军　摄）

（吴尚军　摄）

（一）品种特征

【生物学特性】 属层菌纲担子菌目多孔菌科灵芝属。菌盖木栓质，半圆形或肾形，宽12～20cm，厚约2cm。皮壳坚硬，初黄色，渐变成红褐色，有光泽，具环状棱纹和辐射状皱纹，边缘薄，常稍内卷。菌盖下表面菌肉白色至浅棕色，由无数菌管构成。菌柄侧生，长达19cm，粗约4cm，红褐色，有漆样光泽。菌管内有多数孢子。

【观赏特征】 主要观赏子实体即芝体，菌盖红褐色，半圆形或肾形。若实施嫁接，形态各异，千奇百怪；再与山石等搭配，便更有情趣。

（二）景观应用

【适用范围】 适于林下景观、园区、设施景观的营造。

【应用类型】 用作主要作物，成片种植。

【搭配】 适宜在林下与树木搭配。

（三）栽培技术

【播期】 每年4月埋植菌棒，5月出芝。

【定植】 在树下搭建小拱棚。棚内需安装雾化喷头。菌棒脱去塑料袋，直立（短段木）或平放（代料）摆排于畦内，菌棒间距5cm，行距10cm，在菌棒缝隙及周围填土，表面覆上1～2cm的土层。

【中期管理】 (1) 温度。灵芝菌棒脱袋覆土后，在气温18～28℃，芝棚气温20～

23℃，经 8～12d 便可现蕾。此时应加强管理，否则易产生畸形、病虫害或者减产。(2) 湿度。应按照前湿后干的原则，土壤湿度前期应保持在 16%～18%，后期应小于 15%，空气相对湿度为 80%～95%，以促进菌蕾表面细胞分化。在芝芽发生及其菌盖分化期间，既要保持空气相对湿度为 85%～95%，也要保持土壤呈湿润状态（土壤水分含量 16%～18%），以免因空气干燥而影响菌蕾分化。覆土后第四天开始喷水，每 5～7d 喷 1 次。遵循晴天多喷，阴天少喷，下雨天不喷的原则，以促进芝芽分化发育。(3) 光照。“前阴”有利于菌丝生长、原基分化，“后阳”有利于提高棚内温度，促进菌盖加厚生长，做到前阴后阳。(4) 通风。灵芝属于好气性真菌。在良好的通气条件下，灵芝可形成正常的“如意”形菌盖。如果空气中二氧化碳浓度增至 0.3%以上，则只长菌柄，不分化菌盖，形成“鹿角芝”。

【病虫害防治】在埋木后如果发现裂褶菌、桦褶菌、树舌、炭团类等，应用利器将污染处刮去，涂上波尔多液，并将杂菌菌木烧毁。用菊酯类或石硫合剂对芝场周围进行多次喷施。

五、鸡腿菇 *Coprinus comatus*

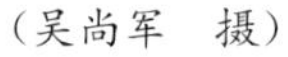
（吴尚军　摄）

（吴尚军　摄）

（一）品种特征

【生物学特性】又名毛头鬼伞，属真菌门担子菌亚门层菌纲伞菌目鬼伞科鬼伞属。子实体为中大型，群生，菇蕾期菌盖圆柱形，后期钟形。高 7～20cm，菌盖幼时近光滑，后有平伏的鳞片或表面有裂纹。幼嫩子实体的菌盖、菌肉、菌褶、菌柄均白色，菌柄粗达 1～2.5cm，上有菌环。菌盖由圆柱形向钟形伸展时菌褶开始变色，由浅褐色直至黑色，子实体也随之变软变黑，完全丧失食用价值。因此，栽培中采收必须适时，应在菌盖保持圆柱形并边缘紧包着菌柄、无肉眼可见的菌环柱形期及时采收。

【观赏特征】主要观赏子实体，菌盖白色，带有鳞片，呈鸡腿形。

（二）景观应用

【适用范围】适于林下景观、园区、设施景观的营造。

【应用类型】林地、设施、家庭栽培等覆土栽培。

【搭配】用作点缀作物，在设施种植或与树木套种搭配，如与果树、杨树等形成林下景观。

（三）栽培技术

【播期】每年4月、8月均可覆土栽培，20d后即可出菇。

【定植】在树下搭建小拱棚或设施及家庭栽培装置里栽培。棚内需安装雾化喷头。菌棒脱去塑料袋，直立或平放摆排于畦内，菌棒间距要小，在菌棒缝隙及周围填土，表面覆土1～2cm。

【中期管理】（1）温度。菌丝生长适温20～28℃，以24～27℃生长最好。子实体形成需要低温刺激，由培养温度降至20℃以下后，子实体原基很快形成。出菇温度范围9～28℃，但以12～18℃为适，20℃以上菌柄很快伸长，并开伞。16～22℃下子实体发生数量最多，产量最高。（2）湿度。培养料含水量65％～70％极适于菌丝生长，出菇阶段要求大气相对湿度85％～95％。（3）光照和通风。菇蕾分化需要300～500lx的光强，并要氧气充足。

【病虫害防治】出菇期注意通风，以防止绿霉、链孢霉感染菌棒。保持场地清洁，加强通风，采收时不留菌柄和死菇。注意菇蚊、菇蝇等危害，可以挂置黄板、杀虫灯，使用防虫网进行物理防治。

六、香菇 *Lentinus edodes*

（吴尚军　摄）

（吴尚军　摄）

（一）品种特征

【生物学特性】又名冬菇、香蕈、北菇、厚菇、薄菇、花菇、椎茸，是一种食用真菌。香菇子实体单生、丛生或群生，子实体中等大至稍大。菌盖直径5～12cm，有时可达20cm，幼时半球形，后呈扁平至稍扁平，表面菱色、浅褐色、深褐色至深肉桂色，中部往往有深色鳞片，边缘常有污白色毛状或絮状鳞片。

【观赏特征】主要观赏子实体，菌盖浅褐色、深褐色至深肉桂色，带有鳞片，呈伞形。覆土仿野生栽培，给人以意外采集野生菇的惊喜。

（二）景观应用

【适用范围】适于林下景观、园区、设施景观的营造。

【应用类型】林地、设施、家庭栽培等覆土栽培。

【搭配】设施、林下小拱棚、林下仿野生、其他作物间套作等方式栽培。

（三）栽培技术

【播期】一般冬季制棒，一年四季可以栽培。

【定植】立式栽培每亩 15 000 棒，覆土地栽培一般每亩 8 000 棒。

【中期管理】（1）温度。在整个生长发育过程，温度是一个最活跃、最重要的因素。孢子萌发的最适温度是 22～26℃，以 24℃最好。菌丝生长温度范围为 5～32℃，最适宜温度为 24～27℃。10℃以下和 30℃以上生长不良，5℃以下和 32℃以上停止生长。菌丝抗低温能力强，纯培养的菌丝体，－15℃经 5d 才死亡，在菇木内的菌丝体，即使在－20℃低温下，经 10h 也不会死亡。（2）水分。在木屑培养基中，菌丝生长的最适含水量是60％～70％；在菇木中适宜的含水量是 32％～40％，在 32％以下接种成活率不高，在10％～15％条件下菌丝生长极差。子实体形成期间菇木含水量保持 60％左右，空气湿度80％～90％为宜。（3）空气。香菇属好气性菌类，足够的新鲜空气是保证香菇正常生长发育的重要环境条件之一。栽培环境过于郁闭易产生畸形的长柄菇、大脚菇。（4）光照。香菇是需光性真菌，强度适合的漫射光是香菇完成正常生活史的一个必要条件。但是，菌丝生长不需要光线。研究表明，波长为 380～540nm 的蓝光对菌丝生长有抑制作用，但对原基形成最有利。香菇子实体的分化和生长发育需要光线。没有光线不能形成子实体，研究表明，40～700lx 的光照强度比较适宜。香菇原基在暗处有徒长的倾向，盖小、柄长、色淡、肉薄、质劣。

【病虫害防治】害虫主要有菇蚊、菇蝇等；杂菌污染主要是霉菌的感染；病害主要是生理性病害和外源性病害。病虫害的防治主要是预防为主，严格按照栽培环节的技术要求操作，协调各环境要素，加强管理，综合防治。

七、杏鲍菇 *Pleurotus eryngii*

（吴尚军　摄）

（吴尚军　摄）

（一）品种特征

【生物学特性】别名刺芹侧耳，是开发栽培成功的集食用、药用、食疗于一体的珍稀食用菌新品种。菇体具有杏仁香味，肉质肥厚，口感鲜嫩，味道清香，营养丰富，能烹饪出几十道美味佳肴。还具有降血脂、降胆固醇、促进胃肠消化、增强机体免疫能力、防止心血管疾病等功效，极受人们喜爱，市场价格比平菇高3～5倍。

【观赏特征】杏鲍菇的子实体单生或群生，菌盖宽2～12cm，初呈拱圆形，后逐渐平展，成熟时中央浅凹至漏斗形，表面有丝状光泽，平滑、干燥、细纤维状，幼时盖缘内卷，成熟后呈波浪状或深裂；菌肉白色，具有杏仁味，无乳汁分泌；菌褶延生，密集，略宽，乳白色，边缘及两侧平，有小菌褶；菌柄0.5～8cm，偏心生或侧生。

（二）景观应用

【适用范围】适于园区、设施景观的营造。

【应用类型】林地覆土栽培、设施、家庭栽培等覆土栽培。

【搭配】设施、林下小拱棚、林下仿野生、其他作物间套作等方式栽培。

（三）栽培技术

【播期】一年四季可以制棒，工厂化出菇；林地和其他栽培模式则只能是早春和晚秋低温季节栽培。

【定植】工厂化立体栽培每平方米200袋，林地覆土栽培每平方米80袋，设施栽培每亩2万袋。

【中期管理】（1）营养。杏鲍菇是一种分解纤维素、木质素、蛋白质能力较强的食用菌，各种农副产品下脚料和栽培平菇原料中的碳源和氮源都能吸收利用，尤以棉籽壳、废棉、阔叶树木屑、玉米芯等主料，适量添加麦麸、米糠、玉米粉等辅料提高氮源为最佳。因为杏鲍菇氮源越丰富，菌丝生长越好，产量越高。（2）湿度与温度。菌丝生长阶段培养料含水量60%～65%，最适温度20～26℃，子实体生长发育期空气相对湿度以85%～95%为宜，温度调控在10～25℃之间，15～18℃为最佳。（3）光照与氧气。菌丝生长阶段不需要光线，却需要新鲜空气。出菇期给以500～1 000lux的光照或散射光，加强通风换气。通风不良，菌丝生长缓慢，原基分化延迟，菇蕾萎缩。（4）酸碱度。菌丝生长阶段培养料最适pH值为6.5～7.5，出菇期pH值为5.5～6.5。

【病虫害防治】危害子实体的主要害虫是跳虫、线虫、菇蛆等。跳虫、线虫主要是危害幼小的菇蕾，菇蛆主要危害成熟期的菇体。这些害虫对食药用菌生产危害极大，须认真防治。跳虫又名烟灰虫、弹尾虫。危害食药用菌子实体的主要是菇疣跳虫和黑角跳虫。防治方法如下：（1）种植场地必须选择卫生、通风、水源条件比较好的地方，避开垃圾场，减少污染机会；（2）没有长出子实体之前，可在周边喷洒0.1%的低毒辛硫磷1～2次进行预防。

如果发现虫体后也可用同样方法进行防治。（1）线虫种类较多，常见有血线虫、菇蛆、节节虫等。血线虫虫体长3～4cm，非常纤细，好似血线头，成群集在菇蕾周围1～2cm深的土层内，危害幼小菇蕾，使菇体生长停止，萎黄或腐烂。（2）菇蛆为危害成熟期菇类的主要害虫。体长寸许，多钻入菇体内侧，使菇体品质严重下降，失去商品价值。发生菇蛆，可在菇体根部、叶片之间出现网状物或虫蛀孔等。

八、白灵菇 *Pleurotus ferulae*

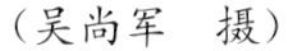
（吴尚军　摄）

（吴尚军　摄）

（一）品种特征

【生物学特性】白灵菇是一种食用和药用价值都很高的珍稀食用菌，又名翅鲍菇、百灵芝菇、克什米尔神菇、阿魏蘑、阿威侧耳、阿魏菇、雪山灵芝。其菇体色泽洁白、肉质细腻、味道鲜美。白灵菇营养丰富，据科学测定，其蛋白质含量占平菇的20%，含有17种氨基酸、多种维生素和无机盐。白灵菇还具有一定的医药价值，有杀虫、镇咳、消炎和防治妇科阴道肿瘤等功效。白灵菇的药用价值很高，它含有真菌多糖和维生素等生理活性物质及多种矿物质，具有调节人体生理平衡，增强人体免疫功能的作用。

【观赏特征】主要观赏子实体。白灵菇菌丝较一般侧耳品种更浓密洁白，抗杂力强；子实体丛生或单生，菇盖质地脆嫩，延长稍密，白色褶纹，条顺直；成熟时菌盖顶呈内卷状，耐远距离运输，单朵鲜重50～160g，最大可达400g。

（二）景观应用

【适用范围】适于园区、设施景观的营造。

【应用类型】林地覆土栽培、设施、家庭栽培等覆土栽培。

【搭配】设施、林下小拱棚、林下仿野生、其他作物间套作等方式栽培。

（三）栽培技术

【播期】一年四季可以制棒，工厂化出菇；林地和其他栽培模式则只能是早春和晚秋低温季节栽培。

【定植】工厂化立体栽培每平方米200袋，林地覆土栽培每平方米80袋，设施栽培每亩2万袋。

【中期管理】菌袋接菌后经30～45d培养菌丝即可长满袋，当料面或侧面出现原基时，把达到生理成熟的栽培袋移到出菇棚内长菇。白灵菇可以室内架层立放式栽培，或野外阴棚路地立放罩膜栽培。野外生态条件适宜，对长菇更有利。菌袋移入出菇棚后，温度控制在10～23℃，7d左右出现原基。菌盖长至2cm时，加大喷水量，加强通气。前期空间喷雾保持80%相对湿度即可，后期控制光线，在微弱光照下菌柄较长、菌盖较小。也可以开袋口后，用经过消毒处理的菜园土在袋内覆土2～3cm。

【病虫害防治】应把好菌种质量关，选用高抗、多抗的品种；搞好菇场环境卫生，使用前消毒灭菌，工具及时洗净消毒，废弃料应运至远离菇房的地方，培养料要求新鲜、无霉变并进行彻底灭菌，创造适宜的生长环境条件；菇房放风口用防虫网封闭；对蕈蚊类害虫，利用电光灯、黏虫板进行诱杀。菌丝培养阶段长菌丝培养初期培养料发生杂菌感染，应拣出打碎，拌入新料，重新灭菌、接种；中期培养料发生严重杂菌感染，要拿到远处烧毁；后期培养料底部发生局部杂菌感染，可继续留用出菇；栽培袋棉塞发生红色链孢霉感染，应及时用湿毛巾覆盖后移出培养室，并进行烧毁处理；清除感病菌床或菌块，带到室外深埋，并在感病区域及其周围喷洒50%多菌灵可湿性粉剂600倍液。

出菇阶段，栽培袋出现局部杂菌感染，可用石灰抹涂感染部位，使之继续出菇；栽培袋杂菌感染较严重者，应取出烧毁，以免影响其他栽培袋；发现菇蝇时应加强菇房通风，降低菇房与培养料湿度。有条件的门窗应加装防虫网，菇房内使用黑光灯诱杀。在栽培期间，不得向菇体喷洒任何化学药剂。

九、猴头菇 *Hericium erinaceus*

（吴尚军　摄）

（吴尚军　摄）

（一）品种特征

【生物学特性】属真菌门担子菌亚门层菌纲无隔担子菌亚纲非褶菌目猴头菌科猴头菌属。菌伞表面长有毛茸状肉刺，长约1～3cm，子实体圆而厚，新鲜时白色，干后由浅黄至浅褐色。基部狭窄或略有短柄，上部膨大，直径3.5～10cm，远远望去似金丝猴头，故称“猴头菇”，又像刺猬，故又有“刺猬菌”之称。猴头菌是鲜美无比的山珍，菌肉鲜嫩，香醇可口，有“素中荤”之称，是中国传统的名贵菜肴。肉嫩、味香、鲜美可口，是四大名菜（猴头、熊掌、海参、鱼翅）之一，有“山珍猴头、海味燕窝”之称。

【观赏特征】主要观赏子实体。子实体呈块状，扁半球形或头形，肉质，直径5～15cm，不分枝（与假猴头菌的区别）。新鲜时呈白色，干燥时变成褐色或淡棕色。子实体基部狭窄或略有短柄。菌刺密集下垂，覆盖整个子实体，肉刺圆筒形，刺长1～5cm，粗1～2mm，每一根细刺的表面都布满子实层，子实层上密集生长着担子及囊状体，担子上着生4个担孢子，并且野生的猴头菇一般成对生长。

（二）景观应用

【适用范围】适于园区、设施景观的营造。

【应用类型】设施、家庭栽培等。

【搭配】设施、林下小拱棚、其他作物间套作等方式栽培。

（三）栽培技术

【播期】猴头菇属中温发菌，低温变结实型的菌类。菌丝生长温度10～33℃，最适温度25～28℃；子实体生长温度12～24℃，最适温度16～20℃，高于25℃生长缓慢，低于12℃子实体变红。根据其生物学特征，顺应自然气温的最佳生产季节，应以秋分（9月下旬）接种，至小雪（11月下旬）出菇1～2批，翌春再产一批菇。山区也可采取早春1月接种，加温发菌培养，3～4月长菇。

【定植】工厂化立体栽培每平方米200袋，设施栽培每平方米2万袋。

【中期管理】猴头菇要获得高品位的产品，长菇阶段必须加强以下几方面的管理：

1. 调节温度 菌袋下田后应从原来发菌期温度，降到出菇期最佳温度16～20℃条件下进行催蕾。在适温环境下，从小蕾到发育成菇，一般10～12d即可采收。气温超过23℃时，子实体发育缓慢，会导致菌柄不断增生，菇体散发成花菜状畸形菇，或不长刺毛的光头菇。超过25℃还会出现菇体萎缩。因此出菇阶段，要特别注意控制温度，若超过规定温度，可采取4条措施：（1）空间增喷雾化水。（2）畦沟灌水增湿。（3）阴棚遮盖物加厚。（4）错开通风时间，实行早晚揭膜通风。中午打开罩膜两头，使气流通顺。创造适合温度，促进幼蕾顺利长大。

2. 加强通风 猴头菇是好气性菌类，如果通风不良，二氧化碳沉积过多，刺激菌柄不断分枝，抑制中心部位的发育，就会出现珊瑚状的畸形菇。在这种饱和湿度和静止空气之下，更易变成畸形菇体，或杂菌繁殖污染。为此野外畦栽，每天上午8时应揭膜通风30min，子实体长大时每天早晚通风，适当延长通风时间。但切忌风向直吹菇体，以免萎缩。

3. 控制湿度 子实体生长发育期必须科学管理水分，根据菇体大小、表面色泽、气候晴朗等不同条件，进行不同用量的喷水。菇小勿喷，特别是穴口向下摆袋或地面摆袋的，利用地湿就足够，一般不需喷水。若气候干燥时，可在畦沟浅度蓄水，让水分蒸发在菇体上即可。检测湿度是否适当，可从刺毛观察，若刺毛鲜白，弹性强，表明湿度适合；若菇体萎黄，刺毛不明显，长速缓慢，则为湿度不足，就要喷水增湿。喷水必须结合通风，使空气新鲜，子实体茁壮成长。但要严防盲目过量喷水，造成子实体霉烂。栽培场地必须创造适合85%～90%的空气相对湿度。幼菇对空间湿度反应敏感，若低于70%时，已分化的子实体停止生长。即使以后增湿恢复生长，但菇体表面仍留永久斑痕。如果高于95%，加之通风不良，易引起杂菌污染。创造适宜湿度可采取：（1）畦沟灌水，增加地湿。（2）喷头朝天，空间喷雾。（3）盖紧畦床上塑料薄膜保湿。（4）幼蕾期架层栽培的，可在表面加盖湿纱布或报纸增加湿度。

4. 适度光照 长菇期要有散射光，一般300～600lx光照度。野外阴棚掌握"三分阳七分阴，花花阳光照得进"，以满足子实体生长需要。

【病虫害防治】 病虫害是猴头菌生产中经常遇到的问题。大多数是由于操作管理粗放，环境卫生差和高温高湿的气候条件引起的。其杂菌主要有青霉、木霉、曲霉、毛霉、根霉等。害虫有螨类、菌蝇和跳虫等。防治上除严格做好培养料的灭菌，环境的清洁卫生和栽培室消毒处理外，栽培管理过程中应注意调节栽培室的温、湿度和通气条件。当出现杂菌感染应及时进行处理。瓶栽的瓶面污染杂菌时，应及时把杂菌部位连同培养料挖去，填上新的培养料，重新灭菌接种；若在瓶面出现少量的点状杂菌，用酒精棉或灼烧的铁片烧烫杀灭，然后喷0.2%的多菌灵药液控制。塑料袋局部出现杂菌，可用2%的甲醛和5%的苯酚混合液注射感染部位以控制蔓延，其未感染部位仍能正常长出子实体。对于严重污染杂菌的料袋则要及时搬出烧毁，以防孢子扩散蔓延。害虫主要采用敌敌畏药液拌蜂蜜或糖醋麦皮进行诱杀，或用0.4%的敌百虫、0.1%的鱼藤精在每批子实体采收后喷洒防治，也可用1%的敌敌畏和0.2%的乐果喷洒地面和墙脚驱杀害虫。

十、双孢菇 *Agaricus bisporus*

（吴尚军 摄）

（吴尚军 摄）

（一）品种特征

【生物学特性】 属担子菌亚门伞菌目伞菌科蘑菇属。菌丝银白色，生长速度中偏快，不易结菌被，子实体多单生，圆正、白色、无鳞片，菌盖厚、不易开伞，菌柄中粗较直短，菌肉白色，组织结实，菌柄上有半膜状菌环，孢子印褐色。

【观赏特征】双孢蘑菇又称白蘑菇、蘑菇、洋蘑菇，是世界性栽培和消费的菇类，可鲜销、罐藏、盐渍。双孢蘑菇的菌丝还作为制药的原料。双孢蘑菇子实体中等大，菌盖宽5～12cm，初半球形，后平展，白色，光滑，略干渐变黄色，边缘初期内卷。菌肉白色、厚，伤后略变淡红色，具蘑菇特有的气味。菌褶初粉红色，后变褐色至黑褐色，密，窄，离生，不等长，菌柄长4.5～9cm，粗1.5～3.5cm，白色，光滑，具丝光，近圆柱形，内部松软或中实，菌环单层，白色，膜质，生菌柄中部，易脱落。生于林地、草地、田野、公园、道旁等处。

（二）景观应用

【适用范围】适于园区、设施景观的营造。

【应用类型】设施、家庭栽培等。

【搭配】菇房栽培、大棚架式栽培和大棚畦栽、其他作物间套作等方式栽培。

（三）栽培技术

【播期】大棚双孢菇的最佳播期为6月30日至7月15日，最晚不能超过7月20日。播期过晚，温度下降影响秋菇的产量，每晚播7d，影响一茬菇的采收。因此，要求在6月10日前必须完成栽培料的预湿工作，争取在8月10日左右开始出菇。进入冬季气温低时处于休眠状态，次年春天进入春菇管理期，还可以继续出菇。

【定植】双孢菇一般采用床式栽培，原材料用量为50kg/m^{2}左右，菌种用量0.5kg/m^{2}左右。

【中期管理】秋菇出菇管理：温度，菌丝可在5～33℃生长，适宜生长温度20～25℃，最适生长温度22～24℃。高温致死温度为34～35℃。子实体生长发育的温度范围在4～23℃，适宜温度为10～18℃，最适温度为13～16℃。高于19℃子实体生长快，菇柄细长，肉质疏松，伞小而薄，且易开伞；低于12℃时，子实体长速减慢，敦实，菇体大，菌盖大而厚，组织紧密，品质好，不易开伞。子实体发育期对温度非常敏感，特别是升温。菇蕾形成后至幼菇期遇突发高温会成批死亡。因此，菇蕾形成期需格外注意温度，严防突然升温，幼菇生长期温度不可超过18℃。湿度，对双孢蘑菇而言，湿度包含3个含义：培养料中的含水量、覆土中的含水量和大气相对湿度。（1）培养料含水量。菌丝生长阶段含水量以60％～63％为宜。子实体生长阶段含水量则以65％左右为好。（2）覆土含水量。50％左右为宜。（3）大气相对湿度。不同发菌方式要求大气相对湿度不同，传统菇房栽培开架式发菌，要求大气相对湿度高些，应在80％～85％，否则料表面干燥，菌丝不能向上生长，薄膜覆盖发菌则要求大气相对湿度要低些，在75％以下，否则易生杂菌污染。子实体生长发育期间则要求较高的大气相对湿度，一般为85％～90％，但也不易过高，如长时间高于95％，极易发生病原性病害和喜湿杂菌的危害。（4）通风。双孢蘑菇是好氧真菌，播种前必须彻底排除发酵料中的二氧化碳和其他废气。菌丝体生长期间二氧化碳还会自然积累，其生长期间二氧化碳浓度以0.1%～0.5%为宜。子实体生长发育要求充足的氧气，通风良好，二氧化碳应控制在0.1%以下。(5) 土壤。双孢蘑菇与其他多数食用菌不同，其子实体的形成不但需要适宜的温度、湿度、通风等环境条件，还需要土壤中某些化学和生物因子的刺激，因此，出菇前需要覆土。(6) 光照。双孢蘑菇菌丝体和子实体的生长都不需要光，在光照过多的环境下菌盖不再洁白，会发黄，影响商品的质量。因此，双孢蘑菇栽培的各个阶段都要注意控制光照。

春菇管理：春菇约占总产量的30%。3月中旬以后气温逐渐回升，待稳定在10℃以上时，可逐步调足土层水分，以满足出菇需要。调水时，先喷pH 8～9的石灰水上清液，在气温15℃以下时，可结合喷施追肥。约在4月，气温达15～25℃，是春菇大量发生的时期，应增加喷水量。5月的气温常在25℃以上，水分蒸发量大，春菇也即将结束，土层含水量可提至最高限度，每平方米菌床每天喷水量约0.5kg，争取时间采到最后一批菇。

【病虫害防治】病虫害是蘑菇栽培中的一个普遍性问题，严重影响蘑菇的产量与质量，必须落实“预防为主，综合防治”的原则。主要防治措施有：菇房规范化，且环境整洁；培养料碳氮比合理，推行二次发酵技术；选用纯净无杂、生活力强的高产菌株，适时播种；土粒经太阳曝晒或用800倍多菌灵处理后再覆土；处理好菇房温、湿、气之间的矛盾；及时认真地清除菇床上的病虫、死菇、菇脚等病（虫）源；病虫害严重的菇房或闲架要轮换或淘汰。

十一、竹荪 *Dictyophora indusiata*

（吴尚军　摄）

（吴尚军　摄）

（一）品种特征

【生物学特性】竹荪是寄生在枯竹根部的一种隐花菌类，形状略似网状干白蛇皮，它有深绿色的菌帽，雪白色的圆柱状菌柄，粉红色的蛋形菌托，在菌柄顶端有一围细致洁白的网状裙从菌盖向下铺开，被人们称为“雪裙仙子”“山珍之花”“真菌之花”“菌中皇后”。竹荪营养丰富，香味浓郁，滋味鲜美，自古就列为“草八珍”之一。竹荪是鬼笔科真菌竹荪的子实体，因其营养丰富，名列“四珍”（竹荪、猴头、香菇、银耳）之首。它具有延长汤羹等食品存放时间、保持菜肴鲜味、不腐不馊的奇特功能，一向被帝王列为御膳，现在则是国宴中不可缺少的一味山珍。

【观赏特征】主要观赏竹荪蛋和开伞的竹荪子实体。竹荪幼担子果菌蕾呈圆球形，具三层包被，外包被薄，光滑，竹荪的子实体灰白色或淡褐红色；中层胶质，内包被坚韧肉质；成熟时包被裂开，菌柄将菌盖顶出，柄中空，高 15～20cm，白色，外表由海绵状小孔组成；包被遗留于柄下部形成菌托；菌盖生于柄顶端呈钟形，盖表凹凸不平呈网格，凹部密布担孢子；盖下有白色网状菌幕，下垂如裙，长达 8cm 以上；孢子光滑，透明，椭圆形，（3～3.5）μm×（1.5～2）μm。

（二）景观应用

【适用范围】适于林下景观、园区、设施景观的营造。

【应用类型】棘托长裙竹荪，属于高温型，其子实体生产发育期为每年夏季 6～9 月间。此时正值各种农作物如大豆、玉米、高粱及瓜类等茎叶茂盛期，夏季果园、林场的林果树木郁蔽，遮阴条件良好，而且上述农作物及林果树木每天呼出大量氧气，对竹荪子实体生长发育十分有利，这些天然的环境为免棚栽培竹荪创造了良好的生态条件，有机结合形成生物链，形成林下景观。

【搭配】适宜和粮食、花卉、果树、药材等作物采用套种搭配。

（三）栽培技术

【播期】4 月播种，6～7 月采收；5 月播种，7～8 月采收；6 月播种，8～9 月采收；7 月播种，9～10 月采收。

【定植】园地整畦：选择平地或缓坡的果林，含有腐殖质的砂壤土，近水源的果园。在播种前 7～10d 清理场地杂物及野草，最好要翻土晒白。果树头可喷波尔多液防病害虫。一般果树间距 3m×3m，其中间空地作为竹荪畦床。可顺果树开沟作畦，人行道间距 30cm，畦宽 60～80cm，整地土块不可太碎，以利通气，果树旁留 40～50cm 作业道。堆料播种：播种前把培养料预湿好，含水量 60%左右。选择晴天将畦面土层扒开 3cm，向畦两侧推，留作覆土用，然后培养料堆在畦床上，竹荪菌种点播料上，再铺料一层，最后覆土。如果树枝叶不密，可在覆土上面铺盖一层稻草和茅草，避免阳光直射。播种后盖好薄膜，防止雨淋。畦沟和场地四周，撒石灰或其他农药杀虫。

【中期管理】播种后，正常温度培育 25～33d，菌丝爬上料面，可把盖膜揭开，用芒箕或茅草等扦插在畦床上遮阳，有利于小菇蕾形成。菌丝经过培养不断增殖，吸收大量养分后形成菌索，并爬上料面，由营养生长转入生殖生长，很快转为菇蕾，并破口抽柄形成子实体。出菇期培养基含水量以 60%为宜，覆土含水量不低于 20%，要求空气相对湿度 85%为好。姑蕾生长期，必须早晚各喷水一次，保持相对湿度不低于 90%。菇蕾膨大逐渐出现顶端凸起，继之在短时间内破口，尽快抽柄撒裙。竹荪栽培十分讲究喷水，具体要求“四看”，即一看盖面物。竹叶或秆草变干时，就要喷水；二看覆土。覆土发白，要多喷、勤喷；三看菌蕾。菌蕾小，轻喷、雾喷；菌蕾大，多喷、重喷；四看天气。晴天、干燥天蒸发量大，多喷，阴雨天不喷。这样才能确保长好蕾，出好菇，朵形美。

【病虫害防治】 竹荪是一种名贵的食用菌珍品，子实体生长期间禁止使用药物防治病虫害。因此，病虫害防治应从环境因子着手，以预防为主，采取综合措施进行防治。(1) 清除杂菌。在菌丝管理期间要清除畦面杂菌、污染物，发现黑、红、绿颜色的杂菌，应立即用碳酸氢铵或石灰覆盖，外加塑料膜，消毒抑制。如出菇期出现杂菌，在竹荪未展裙之前可喷洒金霉素水溶液，严重时可喷洒 0.1%多菌灵药液进行防治。(2) 轮作。为防止杂菌大面积感染，造成减产损失，竹荪栽培田不宜连作，应改种其他作物，3 年后方可重新种植竹荪。(3) 防治虫害。可利用茶麸防虫，或人工捕捉防治，也可通过药剂防治白蚁、螨类、蛞蝓等害虫。(4) 防治病害。竹荪的主要病害有黏菌和烟灰菌。黏菌初期可用多菌灵、70%甲基硫菌灵 1 000 倍液、硫酸铜 500 倍液、10%漂白粉连续喷洒 3～4 次。烟灰菌早期出现脏白色绒毛状菌丝时，为最佳治疗期，可直接在病症处喷洒 3%苯酚或者 2%甲醛；当出现黑色孢子时，可用福尔马林 20 倍液和 70%甲基硫菌灵可湿性粉剂 700 倍稀释液喷施；严重时，在发病处周围挖断培养料，在患处及周围撒新鲜石灰，并用塑料膜将病患处盖住，控制其扩散。

十二、长根菇 *Oudemansiella radicata*

(吴尚军　摄)

(吴尚军　摄)

(一) 品种特征

【生物学特性】 别名长根小奥德蘑、大毛草菌、长根金钱菌、露水鸡。属担子菌亚门层菌纲伞菌目白蘑科小奥德蘑属。长根菇是食用菌中的上品，内质细嫩、柄脆可口，富含蛋白质、氨基酸、脂肪、碳水化合物、维生素和微量元素成分，食用价值高。

【观赏特征】 主要观赏子实体。子实体单生或群生，菌盖宽 2.5～12cm，半球形至平展，中部凸起或脐凹并有深色辐射状波纹，浅褐色或深褐色至黑褐色，光滑、湿润、黏，菌肉白色、薄，菌褶白色、弯生、较宽，稍稀不等长。菌柄近柱状，长 5～15cm，粗 0.3～1.1cm，浅褐色，近光滑，有纵条纹，往往扭曲，表皮脆骨质，内部纤维质且松软。基部稍膨大延伸成假根。

（二）景观应用

【适用范围】适于林下景观、园区、设施、家庭栽培等景观的营造。

【应用类型】长根菇栽培中主要是覆土栽培。这种栽培方式一般脱袋覆土、袋内覆土。

【搭配】适宜闲置房屋、设施等，也可以和粮食、花卉、果树、药材等作物套种搭配。

（三）栽培技术

【播期】根据长根菇生物学特性，菌丝生长温度为 12～35℃，最适温度 20～26℃；出菇温度 16～30℃，最适温度 23～25℃。长根菇栽培季节为上半年 3～4 月，下半年 8～9 月各种一季。夏季栽培宜在高海拔山区或移到大田搭盖栽培。

【定植】林地、设施脱袋覆土栽培每平方米 80 袋，袋内覆土栽培菇房每平方米 200 袋。

【中期管理】发菌阶段即菌丝培养时期，接种后栽培袋放在培养室中，室温要求 24～28℃，接菌后两天菌丝就能恢复伸入培养料，室内空气相对湿度要求在 50%～70%左右。保持新鲜空气，早晚进行通风换气，菌丝生长完全不需要光线。栽培袋经过 30～45d 培养，菌丝可以长满全袋，再经 20～30d 才能达到生理成熟，只有成熟的栽培袋才能出菇。当袋内培养基表面开始出现黑褐色小菇蕾（单生或丛生），就可以把栽培袋搬运到明亮的菇房，开袋栽培使之出菇。开袋后即可喷水，室内相对湿度保持 85%～95%，并给予明亮的散射光和通风换气。二氧化碳浓度在 0.03%以下，室温 16～30℃都能出菇，最适温度 25℃。

【病虫害防治】长根菇的病害主要有细菌、黏菌和真菌中的木霉。细菌主要与袋内积水和土壤没处理有关。黏菌则主要是长期在高湿度环境下发生的，只要经常通风控干就可控制住，或者用草木灰溶液喷于感染处；木霉则是在长根菇菌丝生活力较弱的情况下覆土时发生的，菌丝生活力弱时搔菌和覆土都可引起感染木霉，所以要注意长根菇接种后培养期间的温度，并确保在菌丝未老化前开袋。

长根菇的害虫主要有螨虫和菇蝇，防治措施为：首先注意环境卫生，开袋前地面先喷杀虫剂或撒生石灰，栽培过程注意隔断四周的虫源，一旦发现有烂菇应及时清理掉，待到长螨虫和菇蝇时只好分别喷施 0.1%的哒螨灵和杀灭菊酯等残留量较低的农药。

第七章 其他景观作物

一、锦屏藤 *Cissus sicyoides*

（一）品种特征

【生物学特性】 葡萄科白粉藤属的多年生常绿草质藤本植物，又名蔓地榕、珠帘藤、一帘幽梦、富贵帘。全体无毛，枝条纤细，具卷须；单叶互生，长心形，叶缘有锯齿，5～10cm，具长柄。其特色是成株能自茎节生长红褐色具金属光泽、不分枝、细长的气根，可长达3m，数百或上千条垂悬于棚架下，状态殊雅，风格独具。气根延伸到地面上（泥地）便会扎入泥土中吸收养分，使叶更绿、花更美，整株植物生命力更加旺盛。夏季秋季开花，聚伞花序，花小四瓣，约1.5cm，淡绿白色。7～8月会结果，果近球形，直径约1cm，青绿色，成熟后紫黑色，内有种子1枚。锦屏藤的生命力极强，是一种非常容易栽培的庭园植物。

（王忠义　摄）

【观赏特征】 锦屏藤夏季至秋季开花，花为淡绿的白色，7～8月结果。最特别的地方就是锦屏藤能从茎节的地方长出细长红褐色的气根，悬挂于棚架下，风格独具。锦屏藤新长出的气根呈红色，一段时间后转为黄绿色。因此整串气根上、下颜色不同，更富情趣。

（二）景观应用

【适用范围】 适宜设施景观、园区景观的打造。

【应用类型】 锦屏藤很适合作绿廊、绿墙或阴棚，适宜在设施内作植物帘幕。

（三）栽培技术

【播种和定植】 利用扦插枝条法将从锦屏藤中剪下来的枝条剪成两个带芽的枝段，插入细沙中保持湿润，促使其生根，以方便定植。但在定植之前，需设立棚架。每隔2～3m设置一根立柱，然后顺着主蔓延伸的方向设置横梁，每隔5～10cm的交叉地点就要设置一道铁丝，横梁高度为2.5m左右。棚架的高低、大小以及面积根据实际状况而定。定植后选择优质苗，在棚架的两侧进行对称种植，株距为2～3m；在苗存活一段时间之后，选择一个健壮的枝条作为主藤进行栽培，剪去不重要的枝条；用绳子将主蔓顺时针缠绕到支柱上；对于根部长出来的枝条，留下粗壮的供以后使用，细小的全部摘除；藤蔓长到棚架上时，将分枝均匀地分配到其他方向，以便长成成型的景观。

【田间管理】施两次促苗生长的化肥，在第一年就可以把棚架覆盖完全。当气根生长到棚架上的时候，可根据需求修剪成造型，如正方形或者拱形的帘子。为了保持美丽的造型，需半个月修剪一次，修剪一条气根就会长出无数条气根，且气根在起初是红色，随着时间的推移，慢慢变成黄绿色。成株之后的锦屏藤无需修剪，在冬季严寒气候条件下，只需将一些病虫枝、枯枝或者一些过长的枝条清除掉。

【病虫害防治】在锦屏藤发生病害时，可将多菌灵以1∶800的比例进行稀释，并喷洒在植株上。对于夜蛾等害虫，可将辛磷酸以1∶1 000的比例喷洒在植株上。

二、红色蓖麻 *Ricinus communis*

（王忠义　摄）

（一）品种特征

【生物学特性】大戟科蓖麻属中稀有的观赏品种，多年生草本。出苗至开花45d，成株高1.5m左右，茎如红竹，红叶形同鹅掌，果穗长35～50cm，似红色宝塔，美观艳丽。

【观赏特征】株型美观，花果奇特，观赏期长。

（二）景观应用

【适用范围】适合大田景观的营造。

【应用类型】可用于庭院、校园、乡路、公路、铁路四旁绿化及公园绿地点缀、河堤湖坝行植、片植。

（三）栽培技术

【播种和定植】北方以地表5cm处地温稳定通过10℃时开始播种，土壤湿度为20%为宜。播期施足底肥。种子应浸种催芽后播种，播种时覆土2～3cm为宜，芽前尽量勿落干，每穴播2～3粒，直播7～10d出苗。当苗高20cm后留健壮苗1株，即定苗。

【田间管理】红蓖麻株行距较大，易生杂草，应及时中耕除草。中耕时培土还可避免植株倒伏。中耕一般从出苗到开花进行3～4次，深度10～15cm。在第一主穗现蕾期进行第一次追肥，第四穗现蕾期进行第二次追肥。必要时进行整枝。第一次是主茎现蕾后留下3个粗壮的分枝作为一级分枝，把5片叶以下的分枝全部去掉。第二次在初霜来临前40d左右，把各个生长点全部打掉。

【病虫害防治】病虫害少，易栽易管。易发生的病害有疫病、枯萎病、细菌性叶斑病等，害虫主要有小地老虎、草地螟、棉铃虫、刺蛾和夜蛾等。

三、荞麦 *Fagopyrum esculentum*

（聂紫瑾　摄）

（聂紫瑾　摄）

（一）品种特征

【生物学特性】蓼科荞麦属的一年生草本植物。茎直立，高30～90cm，上部分枝，绿色或红色。叶三角形或卵状三角形，长2.5～7cm，宽2～5cm，顶端渐尖，基部心形，两面沿叶脉具乳头状突起。花序总状或伞房状，顶生或腋生；花被5深裂，白色或淡红色，花被片椭圆形，长3～4mm。瘦果卵形，具3锐棱，顶端渐尖，长5～6mm，暗褐色，无光泽。花期5～9月，果期6～10月。

【观赏特征】荞麦花多、花期长，花一般为白色，也有粉色、紫色。开花时，呈现一片白色花海。茎秆纤细而修长，簇伞状的花朵在绿叶的衬托下，显得婀娜多姿。荞麦生育期短，适合在需要时填补景观空白。

（二）景观应用

【适用范围】适宜大田景观的营造。

【应用类型】可在花境中丛植、片植，或规模种植花海。

（三）栽培技术

【播种和定植】荞麦一年四季均可播种，北方旱作区一般春播为主。播前施足基肥、整地。播种方法有条播、点播和撒播，播量甜荞为每亩2.5～3kg，苦荞为每亩1.5～2kg。

【田间管理】 荞麦管理较粗放。北方地区一般在雨季种植，依赖自然降雨生长。开花灌浆期如遇干旱，应灌水满足荞麦的需水要求，以保证荞麦的高产。雨后及时中耕除草。现蕾开花后，需要大量的营养元素，此时需补充一定数量的营养元素。

【病虫害防治】 可通过药剂拌种，防治疫病、凋萎病和灰腐病等病害，防治蝼蛄、蛴螬、金针虫等地下害虫。

四、紫苏 *Perilla frutescens*

（李邵臣　摄）

（李邵臣　摄）

（一）品种特征

【生物学特性】 唇形科紫苏属的一年生草本植物，别名桂荏、白苏、赤苏、红苏、黑苏、白紫苏、青苏、苏麻、水升麻。具有特异的芳香，叶片多皱缩卷曲，完整者展平后呈卵圆形，长 4～11cm，宽 2.5～9cm，先端长尖或急尖，基部圆形或宽楔形，边缘具圆锯齿，两面紫色或上面绿色，下表面有多数凹点状腺鳞，叶柄长 2～5cm，紫色或紫绿色，质脆。嫩枝紫绿色，断面中部有髓，气清香，味微辛。

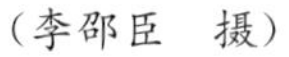

【观赏特征】 紫苏叶子上绿下紫，或上下均为紫色，可用于和其他颜色植物进行搭配，形成特定的图案。

（二）景观应用

【适用范围】 适宜大田景观、园区景观和设施景观等的营造。

【应用类型】 可丛植、片植或条带种植。

（三）栽培技术

【播种和定植】 最好选择阳光充足，排水良好的疏松肥沃砂质壤土、壤土。播前施肥、整地。直播可条播或穴播，播种量每亩 1～1.25kg。

【田间管理】 植株生长封垄前要勤除草，同时注意间苗。封垄前集中追施氮肥。数天不下雨要及时浇水。雨季注意排水，疏通作业道，防止积水乱根和脱叶。采收紫苏要选择晴天收割，香气足，方便干燥。收紫苏叶应在 7 月下旬至 8 月上旬，紫苏未开花时进行。

【病虫害防治】 注意防治斑枯病、红蜘蛛和银纹夜蛾等病虫害。

参考文献

艾根发 . 2013. 水稻栽培技术探讨 [J] . 农民致富之友，12：126-127.

巴哈古力·加马力 . 2013. 日光温室冬春茬西葫芦栽培技术 [J] . 农业工程技术（温室园艺），10：58-59.

柏璐 . 2011. 百日草栽培管理技术 [J] . 农村科技，05：54.

曹玉峰，韩红娟，尹彦君，等 . 1999. 八宝景天引种及繁殖技术 [J] . 北方园艺，01：42-43.

陈成彬 . 1999. 德国景天园林引种及栽培应用的研究 [J] . 园林科技信息，01：8-9.

陈锦标 . 1998. 再谈五彩椒栽培技术 [J] . 应用科技，05：23.

陈锦标 . 1999. 五彩椒栽培技术 [J] . 致富之友，10：6.

陈军 . 2012. 紫茉莉栽培管理 [J] . 中国花卉园艺，18：24.

陈荣信，朱汉德，徐汉涛，等 . 2013. 观赏向日葵栽培技术 [J] . 农民致富之友，04：123.

陈少萍 . 2013. 硫华菊栽培管理 [J] . 中国花卉园艺，16：21-23.

陈士权 . 2007. 夏季芹菜栽培技术 [J] . 上海蔬菜，04：32-33.

陈先荣，王小平，李增萍，等 . 2005. 德国景天的特征特性与扩繁技术 [J] . 甘肃农业科技，03：45-47.

陈献平，常凌云，杨进强 . 2013. 桔梗栽培技术 [J] . 现代农业科技，18：105，108.

陈晓梅 . 2013. 蛇瓜栽培技术 [J] . 农业知识，17：21-23.

陈志彤，应朝阳，林永生，等 . 2006. 杂交狼尾草的栽培技术与利用价值 [J] . 福建农业科技，02：44-45.

储菊劲 . 1995. 鼠尾草栽培技术 [J] . 上海蔬菜，03：38.

揣国利，孙颖 . 2011. 金银花栽培技术 [J] . 现代农业，02：14.

崔志峰 . 2000. 越夏花椰菜高产栽培技术 [J] . 山东蔬菜，02：14.

刁阳隆，陈龙正，宋波，等 . 2014. 早春大棚丝瓜栽培新技术 [J] . 江苏农业科学，07：172-173.

董克峰 . 1996. 蛇瓜及其栽培技术 [J] . 蔬菜，04：11-12.

董贤文，左福元 . 2012. 杂交狼尾草栽培技术的研究进展 [J] . 贵州农业科学，12：160-162.

董昕瑜，周淑荣，包秀芳，等 . 2013. 千日红栽培与应用 [J] . 特种经济动植物，11：34-35.

杜丽雁 . 2006. 蛇鞭菊播种与栽培技术 [J] . 林业实用技术，12：37.

杜彦章 . 2010. 鸡冠花栽培技术 [J] . 现代农村科技，19：37.

段锦兰，付宝春，康红梅，等 . 2011. 射干的栽培技术与园林应用 [J] . 山西农业科学，06：562-563.

付德玲 . 2013. 试叙软枣猕猴桃栽培技术 [J] . 农业开发与装备，04：85-86.

高红霞 . 2008. 日光温室越冬茬黄瓜栽培技术 [J] . 现代农业科技，20：32，34.

谷杰超 . 2011. 鸡冠花的栽培与病虫害防治 [J] . 特种经济动植物，04：31-33.

光爱红 . 2010. 秋季结球甘蓝栽培技术 [J] . 现代农业科技，13：120.

郭圣华 . 2011. 露地秋黄瓜栽培技术 [J] . 现代农业科技，18：128，132.

郭馨宇 . 2008. 五彩椒栽培技术 [J] . 现代农业，10：6.

郭秀英，贾利元 . 2012. 秋冬彩椒高效栽培技术 [J] . 北方园艺，12：59-60.

韩淑艳，侯霓霞.2013. 北方花椰菜栽培技术［J］. 黑龙江农业科学，09：155-156.
何启伟，卢育华，焦自高，等.2001. 日光温室（冬暖大棚）越冬茬茄子栽培技术规范［J］. 山东蔬菜，02：9-10.
何煜凤，陆桂清，沙亚鸿.2011. 广东黑皮冬瓜栽培技术［J］. 现代农业科技，10：119，122.
侯程.2012. 月见草栽培及主要病虫害防治［J］. 农民致富之友，21：3.
胡永琼.2012. 甘薯栽培技术［J］. 云南农业，12：57.
黄韦庆.2012. 鸡冠花生物学特性及栽培管理［J］. 安徽农学通报（下半月刊），18：111-112.
黄毓明，范波，姚家富，等.2000. 麦秆菊栽培与采种技术［J］. 种子科技，05：43-44.
贾孜汗•达吾提.2013. 温室芹菜栽培技术［J］. 农民致富之友，10：144-145.
江梅，胡海彬.2009. 千日红的应用与简易栽培［J］. 河南农业，07：42.
蒋明库.2010. 芍药栽培技术［J］. 现代农业科技，13：225.
焦延魁，孟凡枝，杨鹏鸣.2013. 华北地区羽衣甘蓝栽培技术［J］. 现代农业科技，11：186.
靳文东，张庆.2013. 柳叶马鞭草的栽培管理技术［J］. 花木盆景（花卉园艺），05：22-23.
康红梅，付宝春，王松，等.2014. 八宝景天叶片扦插繁殖技术研究［J］. 山西农业科学，11：1186-1187，1199.
黎兰安，易月红，蔡辉.2014. 苦瓜栽培技术［J］. 农业与技术，08：103.
李凤春，李俊玲，韩卫兵.2004. 芝麻栽培技术要点［J］. 吐鲁番科技，01：6.
李桂兰，刘计权，杨文珍，等.2014. 野生金莲花引种和规范化栽培技术［J］. 山西中医学院学报，04：32-34.
李宏广，陈萍，段晓红.2012. 牡丹栽培技术研究进展［J］. 宁夏农林科技，12：55-58.
李鸿雁.1998. 紫菀的人工栽培技术［J］. 农村科技开发，12：25.
李建鑫，何英.2002. 鸡冠花栽培与利用［J］. 农村实用科技信息，01：20.
李金秀.2004. 野生蔬菜景天三七栽培技术［J］. 四川农业科技，06：19.
李品汉.2003. 益母草栽培技术［J］. 农村实用技术，05：13-14.
李响，徐蕊，孙嘉蔚.2010. 观赏型特长丝瓜栽培技术［J］. 天津农业科学，02：116-118.
李星.2011. 日光温室反季节番茄栽培技术［J］. 农业科技与信息，07：19-20.
李宜江，付瑞杰，张冬英，等.2003. 龙胆草栽培技术［J］. 北方园艺，04：35.
李运琦.2014. 柳叶马鞭草播种繁殖［J］. 中国花卉园艺，10：43.
李在源.2013. 茄子栽培技术要点［J］. 中国农业信息，21：70.
历彦彬.2011. 宿根福禄考的栽培技术与管理［J］. 中国林副特产，02：43-44.
刘长虹.2007. 日光温室彩椒栽培技术［J］. 天津农林科技，04：11-13.
刘琛，杨鹏，秦琰琪.2014. 保护地丝瓜无公害高产栽培技术［J］. 安徽农学通报，20：47-48.
刘东祥，叶花兰，刘国道.2006. 黄秋葵的应用价值及栽培技术研究进展［J］. 安徽农业科学，15：3718-3720，3725.
刘慧颖.2014. 日光温室五彩椒栽培技术［J］. 吉林蔬菜，Z1：15.
刘进生.2004. 优良观赏花卉松果菊的栽培技术［J］. 中国林副特产，01：27.
刘俊武.2010. 醉蝶花栽培技术［J］. 北方园艺，09：111-112.
刘淑荣，王洪忠，杨士英.1993. 醉蝶花及其栽培技术［J］. 农业科技通讯，11：16-17.
刘万方.2010. 药用牡丹栽培技术［J］. 现代农业科技，18：124.
刘伟.2011. 桔梗栽培技术［J］. 吉林农业，09：108.
刘伟.2011. 日光温室番茄栽培技术［J］. 现代农村科技，14：14-15.
刘鑫军.2007. 金莲花的开发利用价值与栽培技术［J］. 中国林副特产，05：43-44.

刘旭海，郇瑞霞，张春，等.2008. 陇南黄芩栽培技术规范［J］. 甘肃农业科技，09：45-47.
刘岩.2011. 鸡冠花栽培技术［J］. 甘肃林业，05：40.
刘玉梅.2008. 观赏芍药生态习性及栽培技术研究进展［J］. 安徽农业科学，12：4965-4967，4969.
刘玉新，徐向东.2008. 蓝花鼠尾草在吉林地区温室栽培技术［J］. 吉林蔬菜，05：71.
柳臣.2011. 塑料薄膜大棚春黄瓜栽培技术［J］. 吉林农业，09：132-133.
陆彩虹.2009. 浅谈千屈菜的栽培技术与应用［J］. 宁夏农林科技，06：195，177.
陆璐.2014. 黄秋葵栽培技术［J］. 现代农业科技，12：90-91.
路正营，韩永亮，尹国.2014. 中草药黄芩规范化栽培技术［J］. 现代农村科技，17：11-12.
马立康.2014. 秋露地花椰菜栽培管理技术［J］. 现代农村科技，16：22-23.
马日明.2012. 大棚彩椒栽培技术［J］. 现代农业科技，23：86，89.
马燕芹，孙成洋.2014. 迷你黄瓜春季大棚栽培技术［J］. 中国瓜菜，03：59，61.
孟淑娥，王娟，车力华，等.2007. 茑萝栽培技术［J］. 中国花卉园艺，08：25-26.
孟卓.2014. 北京地区百合夏季栽培关键技术研究［D］. 北京：北京林业大学.
米克热古力·吾买尔，阿依加马力·吾守尔，楚艳玲，等.2007. 金娃娃萱草常规栽培要点［J］. 农村科技，08：70.
莫裕辉.2011. 金娃娃萱草在园林中的栽培与应用［J］. 南方农业（园林花卉版），04：79-80.
牛立军.2010. 芍药切花露地及设施生产栽培技术研究［D］. 北京：北京林业大学.
牛先前，林秀香，陈振东，等.2014. 秋番茄栽培技术总结［J］. 福建热作科技，01：28-30.
欧克芳，刘念，谢广林，等.2011. 园林植物千屈菜的研究与应用［J］. 辽宁农业科学，03：46-48.
彭智通，徐水勇，钟凤林.2011. 西葫芦栽培技术［J］. 中国果菜，07：4-6.
齐雅蓉，冯浩，李二薇.2012. 日光温室秋冬茬彩椒栽培技术［J］. 现代园艺，16：27.
任真，赵红波.2008. 大花金鸡菊栽培［J］. 新农业，05：52-53.
史文霞，史文慧.2008. 红小豆综合栽培技术初探［J］. 北方园艺，07：82-83.
孙琴，赵春，郑志强.2010. 春种冬瓜栽培技术［J］. 北京农业，15：31-32.
孙文春，马学清，杨素萍，等.2008. 迷你黄瓜越夏栽培技术［J］. 宁夏农林科技，02：85.
孙英.2010. 日光温室番茄栽培技术［J］. 现代农业科技，20：134，136.
唐瀚，欧小球，郑广粮，等.2014. 保健蔬菜黄秋葵的栽培技术［J］. 蔬菜，09：66-67.
陶安忠.1990. 露地芹菜栽培管理技术规程［J］. 蔬菜，S1：48-53.
田启建，赵致，谷甫刚.2011. 黄精栽培技术研究［J］. 湖北农业科学，04：772-776.
王建强，张弘弼.2008. 马蔺的人工栽培技术［J］. 内蒙古农业科技，05：123.
王娇阳，张加正，莫云彬.2009. 观赏南瓜栽培技术［J］. 现代农业科技，21：171.
王俊生，魏兆凯，黄文明.2008. 大豆栽培技术综述［J］. 农机化研究，08：250-252.
王立，黄宏健.2012. 黄秋葵的庭院栽培技术［J］. 广东林业科技，05：86-89.
王希妹.2006. 园林地被植物“金娃娃”大花萱草栽培技术［J］. 上海农业科技，05：140-141.
王馨宁，刘鸿岩，孙洪英.2008. 冬瓜栽培技术与预防早衰措施［J］. 农技服务，03：18.
王宣智，朱瑞华，孙美芹，等.2009. 冬暖大棚五彩椒栽培技术［J］. 种子科技，04：44.
王有明.1996. 菜葫芦栽培管理技术［J］. 北京农业，07：35-36.
王跃强，王存纲.2007. 大花萱草栽培技术研究［J］. 北方园艺，09：171-172.
王子海.2013. 无公害谷子栽培技术［J］. 北京农业，36：32.
韦文科.2003. 优质牧草——杂交狼尾草栽培与利用［J］. 农家之友，21：25.
魏旭明.2014. 茄子栽培技术要点［J］. 吉林农业，13：76.
吴娟，吴彦玲.2009. 北方万寿菊栽培技术［J］. 现代农业科技，17：189.

武术杰 . 2007. 地被石竹引种栽培的技术 [J] . 东北林业大学学报，05：84-86.
肖奎玲 . 2010. 蛇瓜的栽培技术与田间管理 [J] . 现代园艺，02：23，6.
谢志孟 . 2010. 生态蔬菜冬瓜栽培技术要点 [J] . 农技服务，05：568，588.
辛玉霞，李金友 . 2013. 万寿菊高产栽培技术研究 [J] . 中国园艺文摘，02：8-9，24.
邢万明 . 2006. 甘蓝栽培技术及病虫害防治 [J] . 安徽农学通报，08：83-84.
徐春艳 . 2010. 色素万寿菊高产栽培技术 [J] . 现代农业科技，08：227，231.
徐建国 . 2011. 蜜本南瓜栽培技术 [J] . 现代农业科技，04：120，122.
许如斌，王天茂，侯晶 . 2010. 北方日光温室冬春茬黄瓜栽培技术 [J] . 中国果菜，01：32.
闫聚财，周俊杰 . 2014. 浅议玉米栽培技术及病虫害防治 [J] . 农民致富之友，14：166.
杨碧云，钟凤林 . 2011. 秋季无公害芹菜栽培技术 [J] . 中国园艺文摘，10：131-132.
杨广乐，王廷海，宋兆华 . 1993. 宿根福禄考及其栽培技术 [J] . 现代化农业，11：14-15.
杨海棠，王伟，马东波 . 2004. 中国北方地区花生栽培技术的研究进展 [J] . 中国农学通报，04：169-170，176.
杨俊杰，张爱玲，刘华锋 . 2012. 松果菊栽培管理技术 [J] . 农业工程技术（温室园艺），02：46.
杨克亮，王晓锋，王志汉 . 2013. 马蔺栽培技术 [J] . 甘肃林业，01：36-37.
杨庆山，刘桂民，周健，等 . 2009. 金银花栽培管理技术 [J] . 现代农业科技，10：48.
杨树廷 . 2011. 日光温室黄瓜栽培技术 [J] . 现代农业科技，01：134-135.
杨子龙，王世清，左敏 . 2002. 黄精高产栽培技术 [J] . 安徽技术师范学院学报，01：51-52.
姚永平，陆建琴 . 2006. 水生植物千屈菜栽培技术 [J] . 特种经济动植物，02：38.
姚永平 . 2006. 大花萱草“金娃娃”的生育特性及栽培技术 [J] . 特种经济动植物，01：37.
应芳卿，刘宗立 . 2007. 早春保护地西葫芦栽培技术 [J] . 现代农业科技，02：25-26.
由卫华 . 2008. 稀特蔬菜黄秋葵栽培技术 [J] . 现代农业，12：5.
于丽红，陈枫 . 2014. 露地花用翠菊栽培技术 [J] . 现代农业，04：17.
苑方武 . 2011. 北方籽用南瓜栽培技术 [J] . 现代农业科技，08：108，111.
岳宪化，刘书荣，胡夫防，等 . 2011. 鸡冠花栽培管理 [J] . 中国花卉园艺，12：30-31.
岳玉琴 . 1995. 香石竹的栽培技术 [J] . 吉林农业，12：12-13.
张宝庆 . 2012. 保护地茄子栽培技术 [J] . 农民致富之友，06：105.
张红 . 2012. 露地菜葫芦栽培技术 [J] . 现代农业科技，24：91，94.
张洪燕，邓明净，臧卫平，等 . 2007. 百日草栽培技术 [J] . 河北农业科技，07：34.
张华丽，张西西，董爱香 . 2006. 香雪球的栽培 [J] . 中国花卉园艺，24：17.
张杰 . 2013. 日光温室早春茬丝瓜栽培技术 [J] . 种业导刊，04：25-26.
张境北 . 2011. 浅谈百日草栽培管理技术 [J] . 当代生态农业，Z2：140-144.
张君艳 . 2014. 天水地区香雪球的花坛栽培技术 [J] . 黑龙江农业科学，10：171.
张黎，路洁 . 2006. 景天繁殖与栽培技术 [J] . 林业实用技术，07：42-44.
张明伟 . 2007. 北方地区苦瓜栽培技术 [J] . 现代农业科技，10：37，45.
张萍 . 2008. 经济植物月见草栽培技术 [J] . 现代农业科技，13：61.
张绍良，赵佳，刘桂英，等 . 2013. 宿根福禄考栽培技术 [J] . 防护林科技，03：91-92.
张廷红 . 1998. 玉竹栽培技术 [J] . 甘肃农业科技，08：31.
张岩，俞红强，义鸣放 . 2006. 野生花卉蓝刺头的根插繁殖 [J] . 北方园艺，04：146-147.
张彦芬，李应鹏，任会平 . 2009. 黄芩栽培技术 [J] . 山西农业科学，04：94-95.
章俊乐 . 2012. 景观油菜栽培技术 [J] . 现代农业科技，19：34.
章琳林 . 2003. 百日草栽培技术 [J] . 安徽农业，01：21.

赵昌平，诸德辉，李鸿祥.1993. 北京地区小麦栽培理论与技术的发展［J］. 北京农学院学报，01：1-6.
赵庚义，车力华.1995. 鸡冠花栽培技术［J］. 农村实用工程技术，03：9.
赵宏.2008. 藿香栽培技术［J］. 北京农业，07：17.
赵敏.1990. 龙胆草栽培技术［J］. 生物学杂志，06：23-24.
赵天荣，蔡建岗.2013. 大花萱草的生长特性与栽培技术［J］. 浙江农业科学，08：987-989.
郑成淑.2001. 千屈菜的经济价值及栽培技术［J］. 中国野生植物资源，04：46-50.
郑积荣，傅鸿妃.2005. 蛇瓜的食用、观赏价值及栽培技术［J］. 杭州农业科技，03：29.
郑声云.2014. 春提早大棚黄瓜栽培技术［J］. 吉林农业，04：34，33.
仲秀芳.2010. 玫瑰栽培技术［J］. 现代农业科技，03：228.
仲艳丽.2004. 药用植物月见草的开发利用价值及栽培技术［J］. 安徽农业科学，05：984-987.
周海燕.2013. 樱桃番茄栽培技术［J］. 中国农业信息，17：62.
周俊国，扈惠灵，杨鹏鸣.2011. 秋冬季节嫩南瓜栽培技术研究［J］. 中国园艺文摘，02：1-2.
周永浩，白雪青，杨永琴.2009. 八宝景天育苗技术［J］. 现代农业科技，15：200，204.
周玉秋.2009. 紫菀栽培技术［J］. 现代农业，08：4.
朱海军.2006. 新优野生宿根花卉蓝刺头［J］. 中国花卉园艺，22：42-43.
朱江.2012. 西葫芦栽培技术与病虫害防治［J］. 农业技术与装备，09：47-48.
朱晓波.1998. 夏播架冬瓜栽培技术［J］. 北京农业，06：9.
朱学文.2011. 松果菊特征特性及栽培技术［J］. 现代农业科技，05：140，145.
朱永君，周志英.2013. 苦瓜栽培技术要点［J］. 吉林农业，08：36.

图书在版编目（CIP）数据

景观作物的品种和配套栽培技术/王忠义等主编；北京市农业技术推广站组织编写．—北京：中国农业出版社，2018.11
ISBN 978-7-109-23890-9

Ⅰ.①景… Ⅱ.①王…②北… Ⅲ.①观赏园艺 Ⅳ.①S68

中国版本图书馆 CIP 数据核字（2018）第 011805 号

中国农业出版社出版
（北京市朝阳区麦子店街 18 号楼）
（邮政编码 100125）
责任编辑 贺志清

中国农业出版社印刷厂印刷 新华书店北京发行所发行
2018 年 11 月第 1 版 2018 年 11 月北京第 1 次印刷

开本：787mm×1092mm 1/16 印张：9
字数：200 千字
定价：100.00 元
（凡本版图书出现印刷、装订错误，请向出版社发行部调换）